高等院校电子商务职业细分化创新型规划教材

ECETC | 电子商务从业人员培训考试认证项目指定教材

网店美工

刘德华 吴韬◎主编

王琳 夏俊鹄 易丹◎副主编

人民邮电出版社

北 京

图书在版编目（CIP）数据

网店美工 / 刘德华，吴韬主编. -- 北京：人民邮
电出版社，2015.2（2018.4 重印）
高等院校电子商务职业细分化创新型规划教材
ISBN 978-7-115-37179-9

Ⅰ. ①网… Ⅱ. ①刘… ②吴… Ⅲ. ①电子商务－网
站－设计－高等学校－教材 Ⅳ. ①F713.36②TP393.092

中国版本图书馆CIP数据核字(2015)第004932号

内 容 提 要

如何让网店在网络上脱颖而出？网店的美工至关重要。网店中的店招、欢迎模块、客服区等，都属于网店美工的范畴。如今，顾客眼光越来越高，对网店的视觉要求也在提高。顾客进店不仅需要好的服务，更需要赏心悦目的购物环境，因此，网店美工已经成为网店营销中不可或缺的一个重要部分。

本书以网店美工为主要内容，分为三个部分。其中，第一部分为基础篇，包含第1～3章的内容，对网店美工的基础概念、重要性、装修中的设计要素等内容进行讲解，同时介绍在Photoshop中进行网店设计的主要功能；第二部分为设计篇，包含第4～7章的内容，根据网店装修的顺序引出章节内容，从店招、导航、欢迎模块、宝贝详情、收藏区等多个方面介绍网店装修中各个区域的设计和制作要点；第三部分为综合篇，包括第8～11章的内容，按照不同的销售商品对章节进行归类，以服饰、箱包、数码产品和配饰为主题，更具针对性，从而设计出最理想的商品网页。

本书不仅包含大量的实际商品照片，并且通过"综合实训""配色扩展"等体例来对网店美工的设计进行了详细的说明，让读者可以充分了解如何最大限度地发挥商品特点进行配色、布局和修饰。本书适合所有层次的网页设计人员以及网店经营者阅读，同时也可以作为各类电脑培训学校及大中专院校的教学参考书。

◆ 主　编　刘德华　吴　韬

　　副主编　王　琳　夏俊鹄　易　丹

　　责任编辑　王　平

　　责任印制　杨林杰

◆ 人民邮电出版社出版发行　　北京市丰台区成寿寺路 11 号

　　邮编　100164　电子邮件　315@ptpress.com.cn

　　网址　http://www.ptpress.com.cn

　　北京缤索印刷有限公司印刷

◆ 开本：787×1092　1/16

　　印张：11.25　　　　　　　　2015 年 2 月第 1 版

　　字数：268 千字　　　　　　2018 年 4 月北京第 9 次印刷

定价：49.80 元

读者服务热线：**(010)81055256**　印装质量热线：**(010)81055316**
反盗版热线：**(010)81055315**
广告经营许可证：京东工商广登字 20170147 号

随着网络市场的蓬勃发展以及网络购物的热潮迭起，开网店的人越来越多，在网上购物的用户也在不断增长。当今的网络营销已经成为了一种视觉上的营销，如何通过一个精美的网店来吸引顾客的目光，从而提高网店的关注度成为众多店家都在思考的问题。那么，怎样才能设计出符合商品特性的网店装修效果呢？本书从设计和营销的角度出发，讲解如何设计出符合店铺形象和特点的装修实例。

写作思路

本书以网店装修设计为主要内容，按照网店装修的装修顺序为编写思路，先讲述网店首页的装修，再讲述商品单独页面的装修，而首页的装修则按照从上到下的顺序安排章节内容，分别对店招、导航、欢迎模块、客服区、收藏区进行了介绍，讲解内容以淘宝为主要的平台，同时，利用"技能扩展"板块对京东平台上的网店装修进行辅助讲解。在基础章节将网店装修的四大要素进行了重点分析，帮助读者提升设计和创作能力。此外，在每个章节中都搭配了大量案例进行详细说明，书中内容翔实、结构清晰、图文并茂，每个实例都倾注了作者的经验和想象力，具有较高的可读性和可操作性。

特色体例

综合实训：对有针对性的案例进行单独的分析，通过简短的步骤梳理制作过程，使读者快速地掌握制作技巧。

技能/配色扩展：扩展章节内容，让读者了解更多关于网店装修的规范和细节，并利用配色扩展告诉读者不同的配色所带来的视觉影响，帮助读者扩展设计思路。

工具使用/软件操作：对每个案例中所使用的重要软件功能进行介绍，提炼出操作的技巧，帮助读者提升软件操作能力。

课后习题：每个章节提供了相应的素材和设计效果，让"学以致用"这一思想得以实现，使读者能够在实践中消化本章所学知识。

设计理念：对案例的设计思路、配色、布局等进行分析和讲解，告诉读者这样设计和制作的原因，让读者逐步了解网店装修的精髓。

内容梗概

第一部分基础篇（第1～3章）：讲述关于网店装修的相关概念，并重点分析网店装修的四大要素，同时以Photoshop为操作平台介绍店装中涉及的主要功能和技巧。

第二部分设计篇（第4～7章）： 以网店装修为顺序，重点讲解店招、导航、欢迎模块、店铺收藏、客服区和宝贝详情页面的制作规范和技巧。

第三部分综合篇（第8～11章）： 以不同的销售商品进行分类，讲述不同类型商品的网店首页装修技巧和表现手法。

本书由江西工程学院刘德华、江西外语外贸学院吴韬任主编，江西信息应用职业技术学院王琳、夏俊鸽和江西外语外贸职业学院易丹任副主编。

尽管作者在编写过程中力求准确、完善，但是书中难免会存在疏漏之处，恳请广大读者批评指正。教师可通过登录人民邮电出版社教学服务与资源网（www.ptpedu.com.cn）下载教学资源。读者还可以通过登录网站www.epubhome.com为我们提出宝贵意见，或者加入读者服务QQ群111083348与我们联系，让我们针对书中的内容一起探讨，实现共同进步。

编　者

2014年6月

C目录
ONTENTS

第一部分 基础篇——装修前必备知识............1

第1章 初步了解店铺装修——饰品店铺的装修 1

1.1 什么是网店装修 3

1.2 网店装修的重要性 5

1.3 网店装修与转化率的关系 6

1.4 如何确定装修的风格 9

1.5 网店装修中需要注意的问题 12

第2章 图片、配色、布局与文字——饰品店铺装修四大要点 ...13

2.1 图片是装修前的必备工作 14

    2.1.1 装修饰品店铺前的图片收集 14

    2.1.2 拍摄大量的宝贝照片 15

    2.1.3 收集装修所需的素材 16

    2.1.4 获得网络图片存储空间 17

2.2 色彩是设计的起点 18

    2.2.1 饰品店铺设计的配色 18

    2.2.2 常用的配色方法 19

    2.2.3 店铺色彩与市场营销 20

    2.2.4 不同色调的商品展示页面 21

2.3 合理布局让广告商品更抢眼 22

    2.3.1 分析饰品店铺的首页布局 22

    2.3.2 页面布局的组成要素 23

    2.3.3 常用的商品详情页面布局 24

    2.3.4 不同布局样式的侧重点 25

2.4 文字让信息传递更准确..27
　　2.4.1 饰品店铺设计中的文字特点..........................27
　　2.4.2 段落文字的编排....................................28
　　2.4.3 创意使文字更具创造力..............................30
　　2.4.4 利用文字营造一种氛围..............................31

第3章 常用的装修技能——饰品店铺的制作............33

3.1 了解基础的店装操作..35
　　3.1.1 图片大小与格式的更改..............................35
　　3.1.2 图像的分布和排列..................................36
　　3.1.3 页面切片及Web安全色..............................37
3.2 宝贝照片的润色..38
　　3.2.1 照片中瑕疵的修复..................................38
　　3.2.2 增强照片的层次....................................40
　　3.2.3 照片色彩的调整....................................41
3.3 常用的店装编辑技巧..43
　　3.3.1 绘制图形修饰页面..................................43
　　3.3.2 利用图层样式增强特效感............................44
　　3.3.3 图层混合模式制造特殊效果..........................45
　　3.3.4 利用选区控制编辑范围..............................46
　　3.3.5 蒙版控制图像显示效果..............................47
　　3.3.6 闪图的制作方法....................................49
　　3.3.7 三种方式为照片添加边框............................50

第二部分　设计篇——各个装修区域.............51

第4章 店招与导航的设计.................................51

4.1 了解网店店招与导航..52
　　4.1.1 店招与导航的概述..................................52
　　4.1.2 赏析网店店招和导航................................53
4.2 粉嫩婴幼儿商品网店..54
　　[设计理念]..54
　　[工具使用]..54

[操作步骤]..54

4.3　潮流女装网店店招....................................57

[设计理念]..57

[工具使用]..57

[操作步骤]..57

4.4　综合实训..60

萌系女包网店店招..60

[设计理念]..60

[操作步骤]..60

4.5　技能扩展..61

4.6　课后习题..62

第5章　首页欢迎模块的设计......................63

5.1　了解首页欢迎模块....................................64

5.1.1　欢迎模块的概述....................................64

5.1.2　赏析首页欢迎模块.................................65

5.2　七夕节主题的欢迎模块设计.........................66

[设计理念]..66

[工具使用]..66

[操作步骤]..67

5.3　童装上新欢迎模块设计...............................71

[设计理念]..71

[工具使用]..71

[操作步骤]..72

5.4　综合实训..76

女式箱包双12促销设计.....................................76

[设计理念]..76

[操作步骤]..76

5.5　技能扩展..77

5.6　课后习题..78

第6章　店铺收藏及客服区的设计..................79

6.1　了解店铺收藏及客服区...............................80

6.1.1 店铺收藏及客服区的概述 80

6.1.2 赏析店铺收藏及客服区 82

6.2 古典风格收藏区设计 83

[设计理念] 83

[工具使用] 83

[操作步骤] 83

6.3 冷酷风格客服区设计 85

[设计理念] 85

[工具使用] 85

[操作步骤] 85

6.4 综合实训 88

客服区与收藏区结合的设计 88

[设计理念] 88

[操作步骤] 88

6.5 技能扩展 89

6.6 课后习题 90

第7章 宝贝描述页面的设计 91

7.1 了解宝贝描述页面 92

7.1.1 宝贝描述页面的概述 92

7.1.2 赏析宝贝描述页面 94

7.2 礼服细节展示设计 95

[设计理念] 95

[工具使用] 95

[操作步骤] 96

7.3 女鞋细节展示设计 98

[设计理念] 98

[工具使用] 98

[操作步骤] 99

7.4 综合实训 102

长裙细节展示设计 102

[设计理念] 102

[操作步骤] 102

7.5 技能扩展 103

7.6 课后习题 104

第三部分 综合篇——打造个性店铺.......... 105

第8章 服饰店铺的设计 105

8.1 复古色调女装店铺设计....................................106

［ 设计理念 ］..106

［ 软件操作 ］..107

［ 操作步骤 ］..107

［ 配色扩展 ］..112

8.2 可爱童装店铺首页设计....................................113

［ 设计理念 ］..113

［ 软件操作 ］..114

［ 操作步骤 ］..114

［ 配色扩展 ］..121

8.3 课后习题..122

第9章 箱包店铺的设计 123

9.1 怀旧色户外背包首页设计 124

［ 设计理念 ］..124

［ 软件操作 ］..125

［ 操作步骤 ］..125

［ 配色扩展 ］..130

9.2 蓝绿色女式箱包首页设计 131

［ 设计理念 ］..131

［ 软件操作 ］..132

［ 操作步骤 ］..132

［ 配色扩展 ］..137

9.3 课后习题..138

第10章　手机数码店铺的设计 139

10.1　蓝色调数码店铺设计 140
[设计理念] 140
[软件操作] 141
[操作步骤] 141
[配色扩展] 147

10.2　靓丽数码店铺设计 148
[设计理念] 148
[软件操作] 149
[操作步骤] 149
[配色扩展] 153

10.3　课后习题 154

第11章　配饰店铺的设计 155

11.1　民族首饰店铺设计 156
[设计理念] 156
[软件操作] 157
[操作步骤] 157
[配色扩展] 163

11.2　浅色调首饰店铺设计 164
[设计理念] 164
[软件操作] 165
[软件操作] 165
[配色扩展] 169

11.3　课后习题 170

[情境导入]

小刚想要在网上开一个网店，将他实体店中的商品放在网上进行销售，但是他对于网络店铺不是很了解，也不懂得网店装修的方法，更不知道如何将实体店铺中的风格通过网店展示出来。此时，小刚需要对网店的一些基本的信息进行了解，例如网店装修的重要性、网店装修风格的确定等。

[技能要求]

- 理解网店装修的概念和网店装修的重要性。
- 明白网店装修与店铺营销、转化率之间的关系，能够让网店装修带动店铺的销售，提高顾客的浏览量。
- 学会用有效的方法确定网店的装修风格。
- 主要网店装修中的几个细节问题，避免客流量的流失。

[佳作赏析]

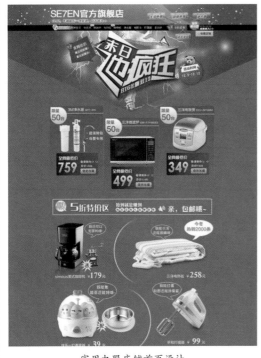

家用电器店铺首页设计   葡萄酒店铺首页设计

解析饰品店铺装修设计

图1-1为某饰品店铺的首页装修效果，整个首页的色彩和修饰元素和谐统一，并且通过合理的布局将画面分为了多个不同的功能区域，每一处都经过了精心的设计和美化，将商品的特点和店铺的风格展示在了顾客的面前，具体分析如下。

通过外形刚硬的字体来表现店铺的名称，体现出一种干净、利落的感觉，并搭配上渐变色的背景，给人一种自然、柔和的效果，能够提升店铺的档次，从而赢得顾客的信任。

将暖色调的光斑作为欢迎模块的背景，可以渲染出一种耀眼、瞩目的氛围。金色的文字突出店家的活动主题，与整个画面的色调产生强烈的对比，可以吸引顾客的关注，同时搭配上高贵的模特形象，有助于店铺形象的提升。

棕色给人一种自然、舒服的感觉，亮度越低越给人一种高贵、典雅的氛围，将肤色和暗紫色一起搭配能够形成鲜明的对比，并使用白色修饰较大的字体，在亲切、稳定的氛围中带来一种明亮之感。

商品图片使用横着并排的方式进行布局，给人一种稳定感，背景使用时尚的女性人物进行修饰，通过双色调的效果使其更显神秘之感，有助于提高顾客的注意力。

图1-1

1.1 什么是网店装修

用户通过网络店商注册了一个会员，并开通卖家服务后，用户的网络销售工作就要开始了。拥有了卖家会员的资格后，用户就可以在网络上将商品上架，通过商品照片、活动海报等内容让顾客了解到店铺的销售信息。

网店装修实际上就是通过图形图像软件对商品的照片进行修饰，利用美学设计对素材、文字和照片进行组合，给人以舒适的、直观的视觉感受，让顾客从设计的网店中了解到更多商品信息和店铺信息。判定一个网店的好坏，首先看的就是店铺的装修，没有一个专业的恰当的装修，哪怕店铺中的商品质量再好，也不一定能销售出去。

图1-2、图1-3和图1-4分别为拍摄的箱包商品照片，如果没有后期的修饰和润色，直接将照片放到网店上，相信这样的商品是很难销售出去的。图片美工通过专业的处理软件对照片进行抠图，同时调整箱包的层次和色彩，使其与人们观看到的真实效果一致，如图1-5所示。最后将处理的箱包添加到店铺中，形成一个完整的效果，图1-6为添加到网店首页中的编辑效果。从照片处理开始，通过素材之间的组合，最终制作成网店装饰页面的过程就是网店装修。

图1-2　　　　　　　　　　　图1-3　　　　　　　　　　　图1-4

抠取商品图像并进行润色。

图1-5

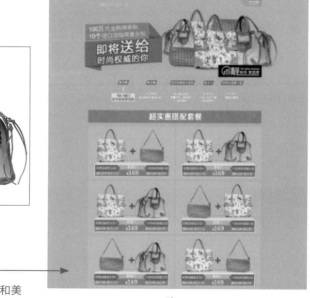

组合商品照片最后进行修饰和美化，设计成一幅完整的页面。

图1-6

网店装修与店铺的货源一样的重要，绝对不能忽视。正所谓三分长相七分打扮，网店的页面就像是附着了店主灵魂的销售员，网店的美化如同实体店的装修一样，可以让买家从视觉上和心理上感觉到店铺的专业性和权威性，以及店主对店铺的用心程度。优秀的设计能够最大限度地提升店铺的形象，有利于网店品牌的形成，提高浏览量及销售转化率。那么网店装修主要是对网店中的哪些位置进行装修呢？我们将通过以下内容进行详细介绍。

图1-7　　　　　　　　　　　　　　　　　图1-8

从图1-7和图1-8可以发现网店中需要装修的区域非常多，它需要根据商品的变化、季节的变化，或者节气的变化而进行相应的调整。也就是说，一个网店的装修不会只有一种内容，它是一个持续性较强的工作，需要付出很多时间和精力去打造。

漂亮恰当的网店装修可以延长顾客在网店的停留时间，顾客浏览网页时不易疲劳，自然顾客会细心浏览你的店铺。合理的规划和精心的设计，可以有效地吸引和留住客户，从而实现提高销售的目的。

1.2 网店装修的重要性

顾客进入一个网店，是否会购买这个店铺的商品，受到很多因素的影响，如图1-9所示。观察这些因素，不难发现大部分都是需要依靠网店装修来解决的。

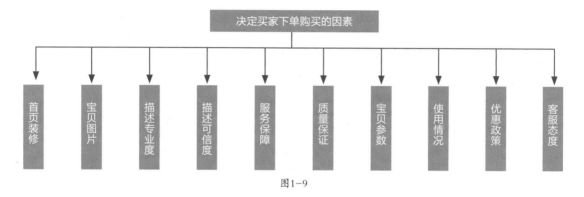

图1-9

从图1-9中可以看到，首页装修是一个网店的门面，需要用心策划和布局。而宝贝图片没有经过后期的润色与修饰，也是很难让顾客产生兴趣的。可以看到化妆品在没有处理之前显得毫无生气，而经过后期的影调和色调调整之后，所呈现出来的效果会增强其品质感，见图1-10和图1-11。而且通过对商品的细节进行分解，还可以提升商品的表现力，将宝贝的各个方面都展示出来，见图1-12、图1-13和图1-14。

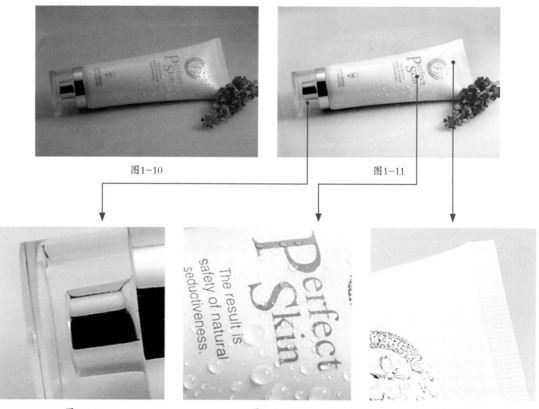

图1-10　　　　　　　　　　　　图1-11

图1-12　　　　　　　图1-13　　　　　　　图1-14

图1-15和图1-16为两个销售相同商品的店铺对比图，前者将商品包装在纸箱中，橱窗中展示的图片很难看清想要销售的商品内容，也没有对店铺进行装修和美化，而后者将商品具体的使用效果图放在橱窗中展示出来，并利用图形、广告画和活动文字等元素对首页进行了装修，其品质感更强，也更容易被接受，无形之中为店铺增添了信任度和关注度。

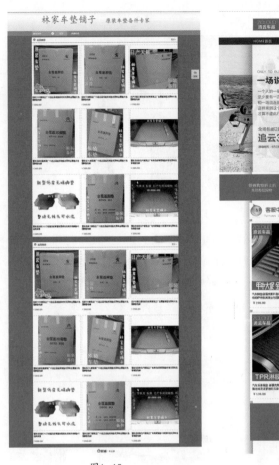

图1-15

图1-16

　　网店经营者对于如何开网店都是在不断的摸索中前进的，大家越来越意识到网店装修的重要性。所以我们需要对网店进行美化，从而吸引更多的顾客。网店装修是提高网店的成功率的法宝，所以一定要重视这个问题。

1.3　网店装修与转化率的关系

　　网店首先需要装修，当店铺的准备工作达到一定程度后，就可以进行宣传和推广了。在宣传和经营的过程中，再逐步地去完善。不能一味地只装修，也不能一味地只宣传。只装修不宣传，没有人知道店铺的存在，没有浏览量，销量也就不可能上去；只宣传不装修，顾客会不敢买，不信任，浏览量上来了，销量却不会上来。因此，装修是做好淘宝的基础，营销则是催化剂，宣传能让店铺的生意旺起来。

网店的经营，看似简单，但涉及的内容却很复杂。现在开网店的人越来越多，市场对网店的要求也就越来越高，为了让自己的网店经营得更好，很多店主都会绞尽脑汁去推广自己的网店，从而获取更高的收益。一个网店，不管卖的是什么，都要经常更新货架，目的是为了让人有得看，有惊喜。而想要新品在上架后得到更多的关注，商品图片的修饰、宝贝详情页面的制作、新品上架的广告等都需要依靠网店装修来完成，因此，店铺装修的好看与否直接决定着浏览量的高低。

在网店营销中有这样一个公式，见图1-17。它为我们展示出了哪些因素会影响网店内容对访问者的吸引程度，在这四个因素中，视觉吸引力是一个较为重要的因素。由于网店中的所有信息都是依靠图片来进行传达的，因此提升图片的表现力是网店装修工作的重心。

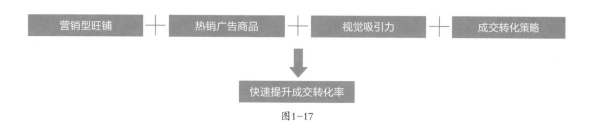

图1-17

网店的销售量高低直接与转化率相关，而影响转化的因素包括了商品的图片、顾客的评价、店家的促销活动等，在这些因素中无疑都会提到网店的装修，可见网店装修与网店的营销推广是密不可分的。图1-18为提升转化率与相关因素之间的关系。

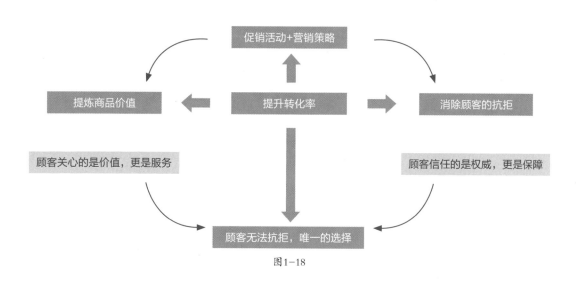

图1-18

在网店营销中，图片在整个交易环节中起到了非常重要的作用，因为买家不可能直接接触商品，只能通过图片进行观看，所以卖家所拍摄的图片质量直接决定了交易的达成，好的图片胜过洋洋洒洒数千言的文字。在商品介绍中，不仅要图片精美清晰，商品描述也同样必不可少。在给商品做描述时尽可能做到越详细越好，把产品的功能、款式、规格等描述得细致入微，把每一个细节都注意到。如果卖家能做到图片和文字的高效结合，那么订单一定会大幅度上升。

图1-19和图1-20为两个不同商品的宝贝详情页面展示效果图，可以看到前者虽然将宝贝的信息在画面的顶端进行了详细的说明，但是没有针对宝贝的细节进行有目的的讲解，而大段的文字会让顾客失去阅读的兴趣。后者将宝贝的重要细节进行了放大，充分地表现出宝贝的特点。由此可以得出这样的结论，只有经过深思熟虑、精细策划的网店，才能提升顾客的兴趣，从而提高网店的转化率。

图1-19

图1-20

　　在装修店铺时，大多数设计者会按照品牌上的美感来装修，搞得很有意境。然而，这种店铺其实是厂家用来展示品牌的，真正要达到销售转化，是很难的，因为用户网购的目的性很明确，之所以进到店里，一定是对产品感兴趣的，所以在装修时，需要注意两个方面。一是店招。因为它是用来展示定位的，不需要太花哨，只需要说明店铺是销售什么即可；二是充分展示商品的精美度。某些时候还可以使用一些特殊效果来增强商品的视觉效果，由此提升顾客的兴趣，达到提升转化率的目的。

1.4 如何确定装修的风格

现在开网店的店家都意识到了网店装修的重要性。网店装修虽然有很多漂亮的淘宝模板可以使用，但是，这些网店模板都是有风格的，如果不符合店铺的定位，那么就不是一个好的装修模板。如何确定网店的装修风格呢？下面我们先来看一张思维导图，如图1-21所示。

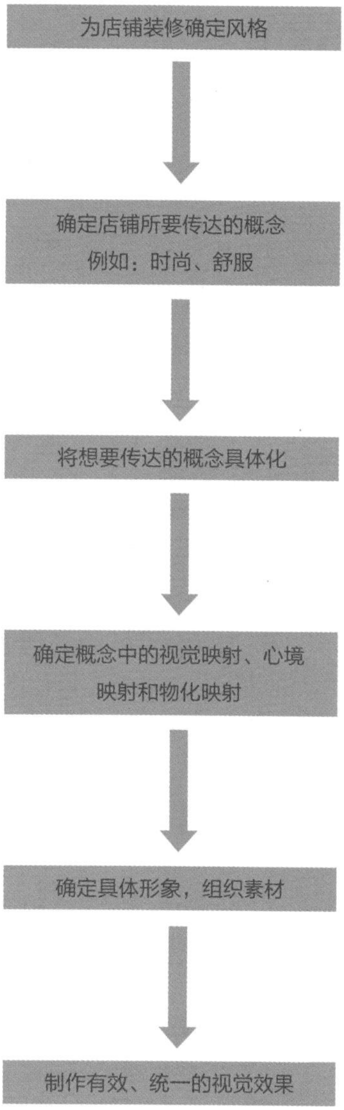

为店铺装修确定风格

↓

确定店铺所要传达的概念
例如：时尚、舒服

↓

将想要传达的概念具体化

↓

确定概念中的视觉映射、心境
映射和物化映射

↓

确定具体形象，组织素材

↓

制作有效、统一的视觉效果

图1-21

网店的装修从一定程度上可以影响店铺的运营。定位准确、美观大方的店铺装修，可以提升网店的品位，从而吸引目标人群，增加潜在消费者的浏览几率及停留时间，最终提升店铺的销售能力。

确定店铺的风格就是将头脑中思维具体化。实际上，这种方法在国外已不是什么新鲜事，可以借鉴Polyvore时尚网站中的设计风格，如图1-22所示。我们可以从日常的报刊杂志中挑选出符合某种心情、意境或关键词的图片，把图片剪下来，然后粘贴在一起，形成一个完整的画面，最后加以修饰和润色，就是一个很好的设计模板。

图1-22

网店的装修风格一般体现在对店铺的整体色彩、色调以及图片的拍摄风格上，交易平台网站上有多种店铺风格可供选择，店家可以选择这些固定的店铺模板来进行装修，也可以根据店内商品的特点和风格来重新进行设计，使店铺独具特色，也更符合销售的定位。

想要抓住店铺的灵魂，不能只靠老板或美工的个人品位，它需要一个系统的方法，如图1-23所示。

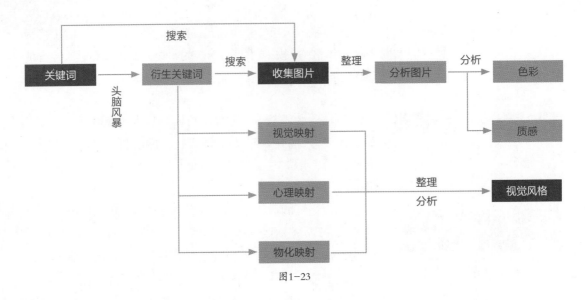

图1-23

在确定网店风格的最开始需要做的就是通过综合用户研究结果、品牌营销、内部讨论等方式，明确体验关键词，例如清爽、专业、有趣、活力等。接下来邀请用户、美工或决策层参与素材的收集工作，使用图像展示风格、情感、行动，并定义关键字。然后了解选择图片的原因，挖掘更多背后的故事和细节。最后，将素材图按照关键词分类，提取色彩、配色方案、机理材质等特征，作为最后的视觉风格的产出物。

如图1-24所示，以关键词"清新"为例，通过联想关于"清新"的颜色，得到一组色彩较为淡雅的配色。接着联想与"清新"相关的材质，即玻璃、水珠等，再进一步地分析这些材质所带给人的视觉、心理和物化上的映射词组，就会大致把握住有关"清新"这个风格的素材，通过将这些信息进行组合和提炼，基本就完成了网店装修素材的收集工作。

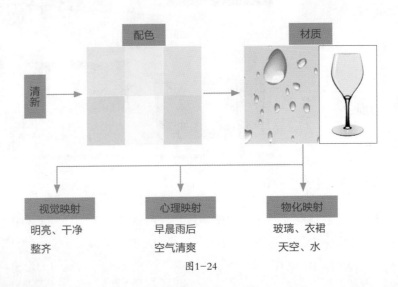

图1-24

要确定网店的风格，除了要独树一帜以外，还要关注同行。要时时刻刻地了解对手店铺的情况、新品上架，以及店铺装修等内容，通过将同行店铺与自身店铺进行对比，总结出更适合的销售方案和装修风格。

网店装修是一个很重要的因素，在装修的过程中首先要准确定位，设计上突出店铺的风格和主打品牌，并且适时地了解借鉴别人的经验，才会有一个好的开端。

图1-25、图1-26和图1-27分别为三种不同风格的网店首页装修效果，依次为手绘自然风格、暗黑酷炫风格和实木原生态风格。通过对比可以发现，它们各自选择了适合自己店铺风格的修饰元素，并且使用了不同的配色，见图1-28、图1-29和图1-30。根据店铺销售商品的不同，对商品进行了有效的包装和设计，使各自所呈现出来的视觉效果各有不同，也因此让顾客更加容易区分，形成特定的记忆，有助于自身店铺形象的树立。

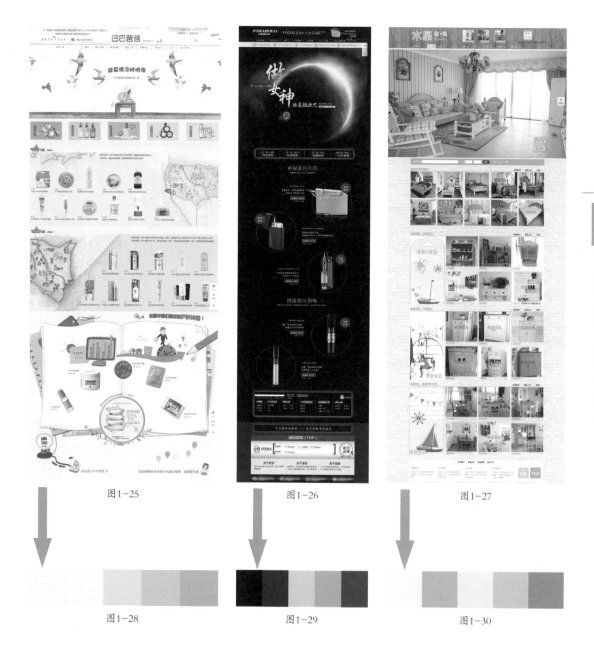

图1-25　　　　　　　　　　　图1-26　　　　　　　　　　　图1-27

图1-28　　　　　　　　　　　图1-29　　　　　　　　　　　图1-30

网店装修的过程中，在确定了网店的装修风格之后，在具体的制作和维护过程中，还需要关注一些细节问题。如果不注意这些细节，就会让顾客在浏览该网店的时候体验不佳，从而导致客流量的丢失，最终成交率无法提高。

1. 装修图片的显示

装修店铺用的图片一定要存放在装修商家自己账户的网络空间中，使用某些免费的存储空间，或者盗用别人的图片，会出现图片正常显示几天后就不能显示的情况，所以一定要将装修的图片管理好，使用正规的网络存储空间网站来管理图片，并且即时在计算机上进行备份，以免图片丢失。

2. 适量使用闪图

闪图就是GIF格式的，能够通过动画方式显示的图片。装修店铺的时候要适量使用闪图，因为闪图非常耗费电脑空间，当买家电脑配置不是很好的情况下进入店铺，电脑运行会变慢，顾客感觉等待的时间过长，最终不能带给顾客良好的购物体验。

3. 添加音乐要有讲究

在店铺中添加音乐一定深思熟虑。如果顾客不开音响，添加的音乐不仅毫无作用，而且还占用网络数据的传输；如果顾客开了音响，进入店铺后，店铺音乐与顾客播放器的音乐重合了，可能会立马关闭店铺网页。如果确实想加音乐的话，建议添加一些比较柔和悦耳的音乐，让人感觉舒服的音乐会让顾客在店内的停留时间变长。

4. 控制装修图片的色彩

店铺的颜色不能太丰富，要统一，要有一个固定的配色方案，对颜色进行规范，减少视觉垃圾，最主要的是让内容有条理性。

5. 店铺风格的选择

网店装修之初要确定店铺的风格，通常情况下选用"默认风格"。由于宝贝的照片大多是抠出来的，背景是白色的，而"默认风格"的背景基本上也是白色的，这样就显得简明多了。如果宝贝照片的背景不是白色的，则可以选择其他风格。把握了整体的风格后，还要考虑其稳定性和可更改性。

上述五点内容在装修之前要特别注意，避免出现不必要的问题，影响顾客的体验效果。设计者应力求在有限的空间给予顾客独立而舒适的购物环境，从而提升店铺的成交率。

[情境导入]

　　晨晨是一个淘宝店铺中新进的美工，在此之前他虽然已经制作出了一些装修作品，但对网店装修的概念仍停留在能够熟练使用软件功能上，并不能很好地把握设计的重点。因此，他需要对网店装修中影响设计的四个主要因素进行掌握，即图片、配色、布局和文字，只有深入地了解了这些内容，才能更加流畅和快速地设计出更多的网店装修作品。

[技能要求]

- 掌握拍摄商品照片的基本技巧，并且能够根据设计的风格收集装修素材。
- 懂得如何对设计的页面进行配色，能够熟知常用的配色技巧和方法，可以利用不同的色彩对画面进行修饰。
- 在设计网店之前，可以在脑海中清晰地勾勒出画面的布局效果，明白文字、图片和素材的摆放位置和大小比例，学会使用布局来突出画面的层次感和主次感。
- 根据设计的需要能够对段落文字进行自由的编排，明白各种编排的利弊和特点，使用简单的方法制作出具有创意的主题文字。

[佳作赏析]

家用电器店铺首页设计

数码商品店铺首页设计

在对网店进行装修之前，首先要获得大量的图片素材，这些素材包括了商品的照片和修饰画面的素材。将素材准备好后，才能通过图形图像编辑软件对素材进行组合和编辑，最终制作出吸引眼球的网店设计。由此可见，图片是网店装修工作的第一步。

2.1.1 装修饰品店铺前的图片收集

在饰品店铺的设计中，通常会使用多张素材。这些素材有的用于网页背景的制作，有的用于模块背景的制作，有的为商品照片，有的为模特照片，只有将这些素材组合在一起，赋予美学设计之后才能形成最终的作品，具体如图2-1至图2-8所示。

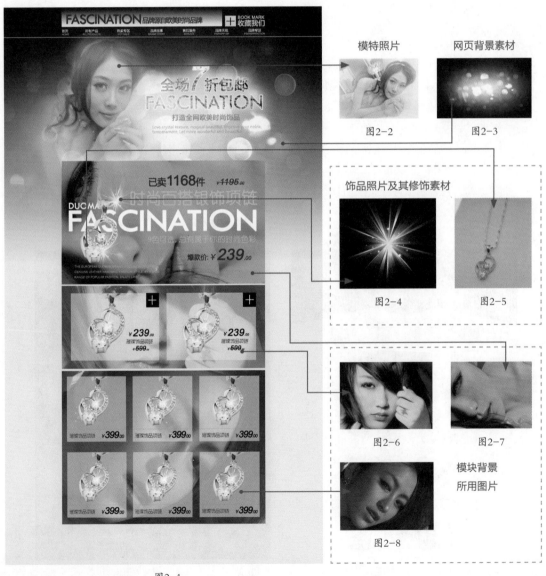

图2-1

模特照片　图2-2

网页背景素材　图2-3

饰品照片及其修饰素材

图2-4　图2-5

图2-6　图2-7

模块背景
所用图片

图2-8

2.1.2 拍摄大量的宝贝照片

在网店装修之前，首先要拍摄大量的商品照片。由于网上购物的特殊性，消费者无法接触到商品的实物，产品的所有信息只得以照片的形式传达。然而，商品的某些物理特性无法被消费者感触到，例如商品的质地、分量等，这就对商品的照片提出了更高的要求。只有从不同的角度拍摄宝贝，力求展示出宝贝更多的细节，才能最终打动消费者。图2-9、图2-10和图2-11为拍摄的手机各个部位的细节图。

图2-9

图2-10

图2-11

图2-12

图2-13

在拍摄某些宝贝的过程中，为了让宝贝的色泽和质感更加接近人眼所看到的效果，还需要自己布置简易的拍摄场景，让拍摄中的光线满足我们所需要的强度，使得照片中的宝贝得以清晰地再现出来。

图2-12、图2-13和图2-14所示为拍摄饰品店铺中的银制饰品所制作的简易"影棚"，因为银饰本身比较小，使用两张A4白纸即可制作一个小型影棚。其中重点的操作是对白纸进行折叠处理，让它变成一个立体的形状，形成一个小型的临时影棚。

布置好照明环境之后，我们就可以将水晶银饰放置在这个小影棚中央，然后从高处向下俯拍，如图2-15所示，最终我们看到的拍摄作品就是如图2-16所示的饰品照片。

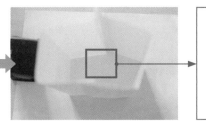

图2-14

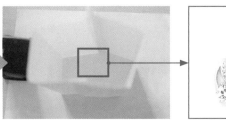

图2-15

图2-16

除了要准备宝贝的细节图，自己创造拍摄环境以外，大多数时候为了展示出宝贝的实用特性，让顾客更直观地感受到宝贝的实物效果，还会拍摄模特使用或者穿戴宝贝的照片。图2-17和图2-18为手表店铺的店家所拍摄的商品照片及手表佩戴效果照片，手腕佩戴效果照片可以让顾客更直观地感受到商品的适用性，同时增添了亲和力。

图2-17   图2-18

2.1.3　收集装修所需的素材

网店装修中除了使用拍摄宝贝的照片以外，画面修饰素材的使用也是必不可少的，它们往往会让画面效果更加绚丽，呈现的视觉元素更加丰富。因此在进行网店的装修之前，要根据店铺的设计风格的宝贝特点，为装修设计准备所需的修饰素材。

是否添加修饰素材对宝贝的表现是有很大的影响的，图2-20和图2-22分别为饰品店铺中银制饰品添加和未添加光线素材的效果对比。我们可以很清楚地看到添加了光线素材后的视觉更为惊艳，更能表达出宝贝的材质和特点。

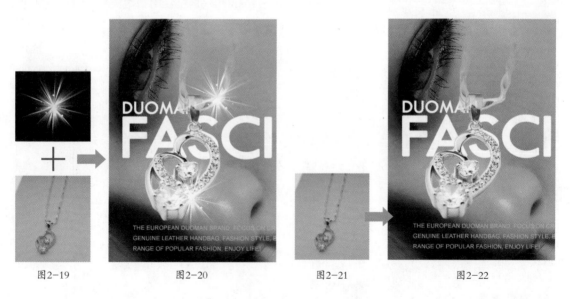

图2-19   图2-20   图2-21   图2-22

在宝贝照片上添加素材是为了提升宝贝的品质，而在大多数时候，网店装修中需要使用大量的修饰素材来让整个画面呈现出完整、统一和丰富的视觉效果，例如，森女风格的店铺会选用色彩清新淡雅的矢量植物作为修饰，而可爱风格的店铺会选用外形可爱且色彩多变的卡通人物进行点缀，这些素材的添加会让网店的整个效果显得更加精致。

图2-23和图2-24最大的区别在于后者对使用的素材进行了修饰和美化，而前者只用了纯色的背景和文字，因此从视觉冲击力的角度看，后者比前者更加使人印象深刻。

图2-23

图2-24

2.1.4 获得网络图片存储空间

图片存储空间，即用来存储图片的网络空间，而网络空间多是由专业的IT公司提供的网络服务器，浏览者之所以能够浏览到别人网店上的图片和动画，是因为上面所有的图片和动画，包括后台程序等内容，都由专门的服务器来存放。网络上有很多免费或者付费的存储空间，店家可以根据需要申请账号，对设计后的图片进行存储。

在完成网页的装修后，为了让设计的效果完整且准确地显示出来，需要将设计后的结果存储到网络空间中，以图片链接的形式将图片与网店联系起来，这样才能让顾客浏览到装修的结果，图2-25为网络存储空间的工作图示。

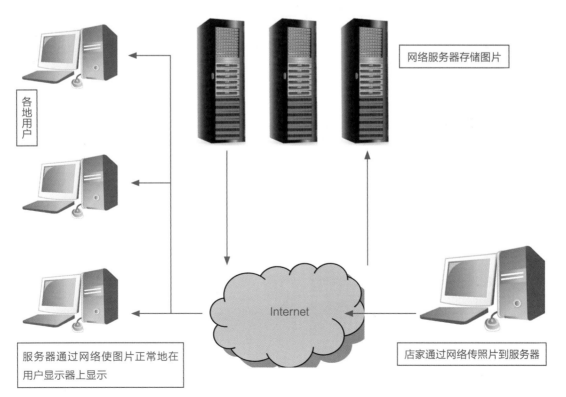

图2-25

在网店装修的众多元素中，色彩是一种非常重要的视觉表达元素，它能够烘托出各种各样的设计氛围，对人们的心理产生极大的影响。同时影响顾客对商品风格和形象的判断，因此只有掌握必备的色彩搭配，才能设计出吸引顾客眼球的作品。

2.2.1 饰品店铺设计的配色

饰品店铺装修设计需要根据饰品的风格，以及店铺的定位来进行色彩搭配。鉴于饰品的色彩，在配色中使用了双色调的图像作为模块的背景，为了避免单板和单一，选用了暖色调的光斑制作欢迎模块的背景（见图2-26），使得画面从上到下形成自然的色彩过渡，具体如图2-27、图2-28和图2-29所示。

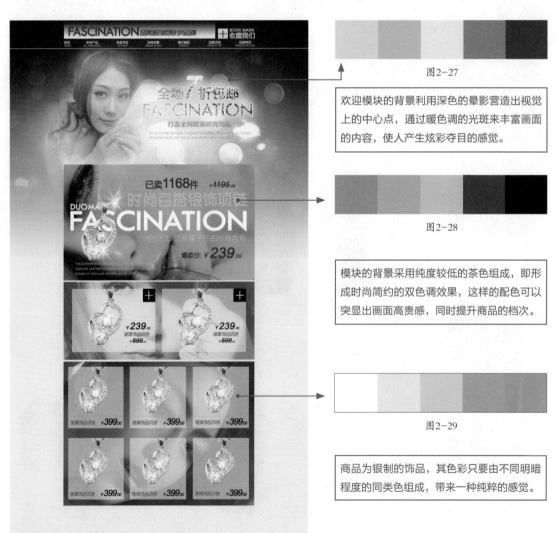

图2-27

欢迎模块的背景利用深色的晕影营造出视觉上的中心点，通过暖色调的光斑来丰富画面的内容，使人产生炫彩夺目的感觉。

图2-28

模块的背景采用纯度较低的茶色组成，即形成时尚简约的双色调效果，这样的配色可以突显出画面高贵感，同时提升商品的档次。

图2-29

商品为银制的饰品，其色彩只要由不同明暗程度的同类色组成，带来一种纯粹的感觉。

图2-26

2.2.2　常用的配色方法

在网店装修设计中，常用的配色方法主要有同一色相的配色、类似色相配色、相反色相配色、补色色相配色、渐变效果配色和重色调配色，接下来对较为常用的几种配色进行详细的讲解，具体的配色方式解析如下。

图2-30

图2-31

同一色相配色：以单一颜色为对象，调整其明度和彩度，使其呈现出不同的特色，这种配色在表现一种秩序井然的感觉时适用，可以传达一种安静之美（见图2-30、图2-31）。

图2-32

图2-33

类似色相配色：将色环上相连的颜色进行配色，或者相连色进行明度和彩度上的微调后进行配色，色相之间和谐、协调的特征明显，适合表现温和、善良的形象（见图2-32、图2-33）。

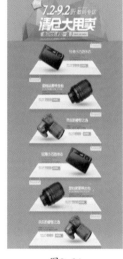

图2-34

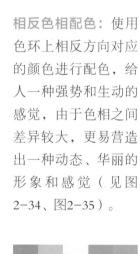

图2-35

相反色相配色：使用色环上相反方向对应的颜色进行配色，给人一种强势和生动的感觉，由于色相之间差异较大，更易营造出一种动态、华丽的形象和感觉（见图2-34、图2-35）。

图2-36

图2-37

渐变效果配色：将所配色的明度、彩度、色相等逐层给予适当的变化之后，再组合起来的一种配色方案，通常用于表现一种和谐、自然的视觉效果（见图2-36、图2-37）。

图2-38

图2-39

重色调配色：在相对单调的配色氛围中，通过使用其对照色相、色调，从而起到强调效果的一种配色方式，这样的配色会打破之前平淡枯燥的页面效果，更引人关注（见图2-38、图2-39）。

2.2.3　店铺色彩与市场营销

　　颜色个性的梳理对于网上店铺营销而言，是一个极其重要的因素。大部分的消费者，对于网上店铺的主页以及商品页面的颜色搭配并不是太在意。但是，真正让顾客最先感知的却是视觉，颜色从人的视觉开始传输和渗透，对顾客的心理思维产生重大的影响，图2-40使用了能够提起人们味觉的暖色进行搭配，给人一种暖意融融的感觉，见图2-41和图2-42。

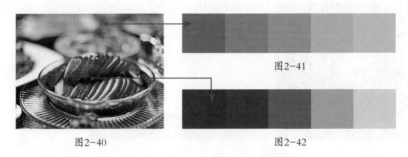

图2-40　　　　　　　　　　　　　　　　　　图2-42

图2-41

　　网上店铺运营时，为了提高销售的业绩，可以使用的有效策略很多，即使不支付昂贵的广告费用，只要灵活地运用颜色营销方案，一样可以取得良好的效果。

　　随着参与社会活动的女性人口日益增多，无论是从社会层面还是经济层面，女性掌握主导权的现象越发明显。事实上，在购买决定权上，相对于男性而言，女性有着更大的影响力。另外，女性比男性对新潮的变化反应更为敏感，因此在确定网店配色的过程中，要能够抓住女性的消费心理。

　　充满自信的女性对于可以提升自身价值的事物颇具好感。因此，色泽华丽的商品更能受到她们的青睐，像金、银等金属系列的颜色和给人高档质感的低彩度颜色是很好的选择，如图2-43和图2-44所示。

图2-43　　　　　　　　　　　　　　　　　　图2-44

　　此外，对追求伊人风采、温柔形象的女性而言，她们更喜欢隐约而且柔和的颜色，如高明度的轻色调系列，也就是清淡色调，如图2-45和图2-46所示。

图2-45　　　　　　　　　　　　　　　　　　图2-46

　　追求富有热情、都市风采、性感形象的女性，对色彩强烈的配色页面更容易产生兴趣。高明度、高彩度的暖色系列色相是比较有代表性的例子，同时采用灰白色进行搭配，突显了时尚的气息，如图2-47和图2-48所示。

图2-47　　　　　　　　　　　　　　　　　　图2-48

2.2.4　不同色调的商品展示页面

商品展示页面给人的第一印象非常重要,顾客首次看到商品页面的那一瞬间有什么样的心理感受,对判断其是否购买起到50%以上的决定作用。为了更好地体现商品的特征,相对于其特征而言选择对口的颜色相当重要。什么样的商品使用什么样的颜色配色才能达到最佳的效果,在本小节将进行大致讨论。

根据配色方案的不同,商品页面给人的感觉和氛围也可以有很多种。分析商品的特征,如何选择一个最佳的颜色,争取能够将商品特征最有效地传递给顾客,这一点在商品页面制作上至关重要,如图2-49至图2-56所示。

图2-49

浅色调页面:单纯形象的儿童用品,纯洁礼服等需要体现出清纯感觉的商品可以使用浅色调进行配色,让画面中的商品形象干净整洁。

图2-50

图2-51

清新色调页面:表现文静平和感的商品可以使用清新的色调来进行配色,这种高明度和高纯度的颜色可以增加画面的柔和感,营造出高档的氛围。

图2-52

图2-53

蓝色调页面:蓝色本身散发着清新凉爽之感,适合表现夏季商品、电子产品、清洁用品等。并且蓝色具有稳定感,易产生踏实向上的感觉。

图2-54

图2-55

绿色调页面:绿色调适用于环保型的用品,利用绿色对画面进行配色,可以营造出一种干净整洁的形象氛围,提高顾客在商品使用安全性方面的信赖度,表现出亲近之感。

图2-56

运营网上店铺时，为了提高销售业绩，首要制作美观、适合商品的页面，利用图片或者文字说明等组成要素，通过将其美观地进行布局而更引人注目，并且由此提升顾客的购买率。将商品页面的组成要素进行合理的排布，以达到吸引顾客的目的就是装修设计的页面布局。

2.3.1 分析饰品店铺的首页布局

饰品店铺的首页包含了店招、导航、欢迎模块、广告区、促销区和商品展示区，见图2-57和图2-58。可以看到布局从上到下依次展开，并且越分越细，形成一种金三角似的堆砌效果，使人产生强烈的主次感和层次感。

图2-57

店招与导航

欢迎模块

广告区

促销区

商品展示区

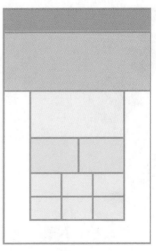

图2-58

2.3.2　页面布局的组成要素

在网店上销售商品与实体店销售有着很大的区别，网店销售时，关于商品的各个方面无法面面俱到、一清二楚地传递给顾客。正因如此，需要在所谓的首页及商品详情页面这些限定的空间内，尽可能将活动和商品的信息最大限度地传递给顾客。

网店装修的页面不一定要制作得非常的宏大华丽，但是要能够引起浏览者的注意，给人一种良好的印象，从而可以出现期待中的销售效果。为了把商品的信息最大限度、有效、正确地传达给客户，需要探讨一下如何进行合理的布局，但是在谈布局之前，我们首先要来了解一下各种装修页面中构成布局的组成要素，具体如图2-59所示。

图像： 网店装修布局中的图像主要指一些商品的照片、模特的照片和用于修饰画面的形状、符号和插画等，这些图像本身就包含一定的信息，对商品进行表现或者辅助商品的表现，以及为画面营造出一种特定的氛围。

背景： 根据活动或者商品的形象以及希望表现的主题，为了更有效地营造出和主题概念相统一的页面氛围，需要对背景进行设计，背景中可以使用图案、纯色和图像等平铺到其中。

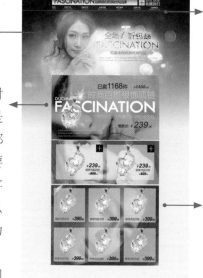

图2-59

文字： 文字在布局中主要对商品的信息进行说明，它是布局元素中最重要的组成部分之一，它的设计风格主要与商品的风格一致。文字除了用于传递商品的信息以外，很多时候还被设计成为一种装修元素放在画面中，达到平衡布局组成元素之间的效果。

留白： 指布局好商品、文字、修饰元素后，余下的空白部分的空间。如果布局中不注意留白，将组成要素填充得满满当当的话，反而会给人带来一种沉闷的感觉，从而产生视觉上的疲劳，所以适当的留白也是一门艺术。

在对网店进行装修之前，无论是设计首页或者商品详情页面，在把握整体页面布局时，首先要抓住比较大的一块，将其确定下来。其次再进行细节的设计，这样的整体布局流程则比较流畅，最后再确定画面中各个组成要素的位置，将所要表达的信息形象地、有实感地传达出来。

> **提示**
> 良好的布局包含五大特性，即引人注目性、可读性、明快性、造型美感性和创造性，这些特性会让画面中的信息更加容易被顾客接受和理解，并且表现出一定的造型艺术感，最终使得商品从众多的商品中脱颖而出。

2.3.3 常用的商品详情页面布局

顾客在浏览商品详情页面的时候，通常情况下会将图像意识为一个整体，然后才将视线定位到比较突出或者抢眼的其他位置，所以在排列商品的图像或者展示模特的照片时，为了突出商品的特征，将一些希望强调的图像放大并不具于显眼的位置，效果会更加的理想。下面，我们一起来看几个基本的，也是较为常用的商品页面的布局图例。

中间对齐模式的页面布局

图2-60为中间对齐布局，这种布局方式一方面具有可以吸引视线的优点，但另一方面显得整体页面比较狭窄。通常情况下，可以调整一些图像的尺寸，将留白部分的特色发挥出来，从而清除沉闷、狭窄等弊端，从而产生安静稳定的感觉。

图2-60

对角线排列的页面布局

对角线排列的页面布局如图2-61所示，这种页面布局适合表达一种自由奔放、动态性的感觉，并且形成自然的Z字形视觉牵引效果，给人一种比较清爽利落的感觉，但是无论是怎样的一种自由式布局，都要遵循一定的准则，按照指引线为准进行图片和文字的设计和布置。

图2-61

棋盘式的页面布局

图2-62为棋盘式的页面布局，可以看到这种布局就是将图像按照棋盘表面的方格样式进行布局设计，把众多的图像一次性地展示给顾客。这种布局方法较为有效，并且也适合用在展示商品各个细节部分上。优点就是将众多的图像集合为视觉上的一个整体，从而形成一种统一感，将浏览者视线集中到一处。

图2-62

左对齐模式的页面布局

图2-63为左对齐模式的页面布局效果，由于人们的视线一般都是从左向右移动的，所以相比较右边而言，这种页面布局会吸引更多的视线，适合用在表现那些有顺序之分的内容上，比如商品使用的说明顺序、商品的制作过程等，这些连贯性的主题采用左对齐页面布局来表现效果颇佳。

图2-63

对称型的页面布局

图2-64为对称型的页面布局效果，这种布局是指画面的横向和纵向以中心线为轴，将页面组成要素按照彼此相对的方式进行两边布局。在页面布局中，即使两边的组成要素不是按照完全相同的尺寸和排列方式来进行，只要两边的空间宽度和重量感相同，就可以体现出对称的布局效果，这种布局能够营造出一种文静的、安定的整体氛围。

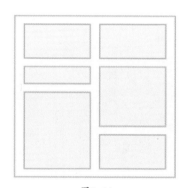

图2-64

综上所述，商品的图像和说明文字如何排列、如何布局，将会影响到页面的整体氛围和感觉。上面所介绍的布局只是一些非常基本的方案，为了更有效地进行页面布局，需要确定商品的特定和意图表现的氛围，并据此来调整和组合使用上述的一些方案，才能让设计出来的画面给人一种视觉上的舒适感，以及将商品的特点传达出来。

2.3.4　不同布局样式的侧重点

洞悉页面布局的侧重点，利用哪些差别化因素才能设计出更抢眼的页面布局，从而提高商品的竞争力，是进行网店装修时需要考虑的较为重要的问题。

页面布局是商品详情页面设计、促销活动宣传页面设计、网上横幅广告设计、网店首页设计等很多制作内容所要直面的一个重要问题。这些多样化的设计各自都有其目的性，但是为了更加简单明了地让信息为浏览者所了解，在页面组成要素的处理上，需要把握住页面布局所营造出来的侧重点这一问题。这就需要将所要表达的重点信息放在醒目的位置，才会达到预期的效果。

以三个不同的布局样式为例，我们对布局的侧重点进行剖析，见图2-65至图2-73。

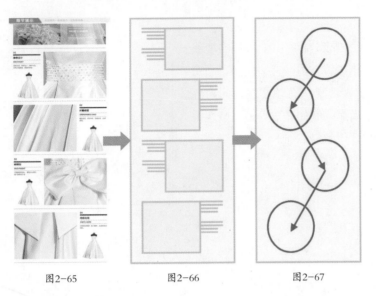

| 图2-65 | 图2-66 | 图2-67 |

强调

从图2-67中可以看到对角线页面布局会让观赏者的视线集中在商品图片上，使画面的局部形成一个强调效果，让其更加突出地呈现出来。这种手法可以通过放大、弯曲、对比等技巧来体现，尽可能地根据人们的视线移动方向进行排列布局。

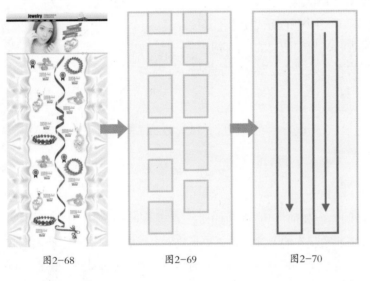

| 图2-68 | 图2-69 | 图2-70 |

变化

从图2-70中可以看到对成型的页面布局会让人们的视线形成两条平行的直线，两个视线中存在一定的变化，让单调的氛围更具韵律感，反而会诱发顾客的兴趣，这种带有一定对照性的、相反性的因素和设计，可以让特定的对象更显眼。

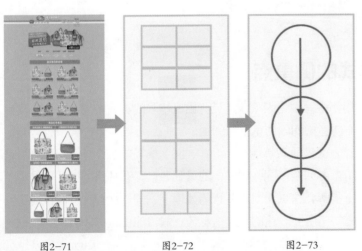

| 图2-71 | 图2-72 | 图2-73 |

分类

如图2-73所示，棋盘式布局的视线居中显示，这种对群体进行分类的布局会让浏览者理解到相关的内容。当信息较为繁杂时，这种布局可以使页面整体简洁统一，把相似的内容捆绑成一个整体，避免布局上的散漫。

2.4　文字让信息传递更准确

　　一个好的宝贝详情页是一个店铺的灵魂，一个好的网店首页是一个店铺的门面，无论是宝贝的详情页面，还是网店的首页，都要包含文字信息。设计者如果不懂产品优点及活动的精髓，那么所制作出来的页面效果也是不理想的。设计的页面中究竟要包含哪些信息？这些信息又该如何编排？图片和模块该如何布局？这些问题都影响着页面的转化率及用户体验，接下来本小节将对网店装修设计中的文字编辑进行重点讲解。

2.4.1　饰品店铺设计中的文字特点

　　饰品店铺的首页设计中包含了大量的文字信息，不论是店招、导航，还是欢迎模块、广告区，这些位置都包含了很多的文字，但是这些文字有的字体相同，有的字号不同。根据不同区域文字的内容和侧重点，设计者在创作中都进行了全面的考虑，具体内容如下（见图2-74至图2-78）。

> 字体大小的对比让店招中的文字主次分明。

图2-75

> 方正的字体让文字与图形的风格一致。

图2-74

图2-76

> 利用色彩的明度来构成对比效果。

> 使用图案、描边等方式对主题文字进行修饰，使其更加绚丽，且具有设计感。

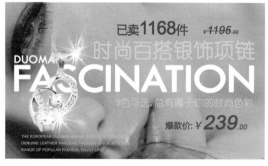

图2-77

图2-78

> 广告区中的文字基本以左右两侧分别对齐的方式进行排列，利用大小、色彩等因素来突出重点，同时利用字体上的变化使文字的表现更加丰富，增强画面的设计感。

2.4.2 段落文字的编排

在网店的装修设计中，段落文字是文字编辑过程中经常会使用的制作元素，由于段落文字的文本信息较多，其排列的表现方式也是多种多样的，接下来就对段落文字中不同的对齐方式进行讲解，如图2-79至图2-89所示。

自由对齐

自由对齐就是每段文字自由的组合在一起，没有固定的方向或者位置，如图2-80所示。这种方式排列的文字表现形式较为自由，给人活泼、自然的感觉，表现出不拘一格的效果。

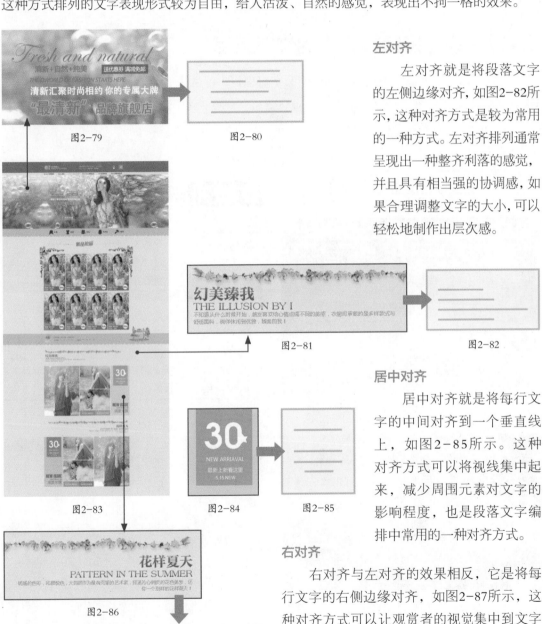

图2-79 图2-80

图2-81 图2-82

图2-83 图2-84 图2-85

图2-86

图2-87

左对齐

左对齐就是将段落文字的左侧边缘对齐，如图2-82所示，这种对齐方式是较为常用的一种方式。左对齐排列通常呈现出一种整齐利落的感觉，并且具有相当强的协调感，如果合理调整文字的大小，可以轻松地制作出层次感。

居中对齐

居中对齐就是将每行文字的中间对齐到一个垂直线上，如图2-85所示。这种对齐方式可以将视线集中起来，减少周围元素对文字的影响程度，也是段落文字编排中常用的一种对齐方式。

右对齐

右对齐与左对齐的效果相反，它是将每行文字的右侧边缘对齐，如图2-87所示，这种对齐方式可以让观赏者的视觉集中到文字的右侧，并且利用每行文字的长短在左侧形成一定的波形，从而产生流动感。

将文字进行段落的编排，是为了更好地归纳、区分版面中的各项文字内容，使版面更具条理性。在编排的过程中，需要注意段落文字之间的间隔距离，让字体间的组合符合版面的需求，制造和建立出理想、有序的版面结构。图2-88和图2-89为不同行间距的编辑效果，经过对比可以发现，为了让顾客有一个轻松、分明的阅读体验，适当的拉开每行文字间的距离，会让文字呈现出整齐、规则之感。

图2-88

图2-89

当页面中有多个段落组合在一起的时候，可以利用文字的色彩、风格或者字号等差异来将某些段落与其他文字信息区分开来，形成鲜明的对比，这样有利于突出和强调版面中的重要信息，让顾客优先注意到这些内容，提升内容的易读性。从图2-90和图2-91中可以发现，右侧的文字比左侧的文字更具创作感，设计者利用色彩、文字的粗细和字体来对段落文字的内容进行主次区分，使得画面层次感更强。

图2-90

图2-91

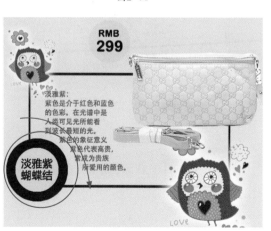

图2-92

版面中段落文字的安排，有时候也会根据不同的页面内容而有所不同。

将段落文字进行错落的编排，可以直接将整段的文字分阶段错位，使其表现出一种挪移动感，与版面中的其他元素协调、紧密地联系在一起，让文字与图片之间产生相互依存的互补关系，如图2-92所示。

对于段落文字的编排，让其跟着图片的排布位置而改变，会增强画面的紧凑感，使内容传达更为生动。

2.4.3　创意使文字更具创造力

在网店装修的过程中，为了让主题文字更富艺术感和设计感，通常我们在设计主题文字时会使用一些简单的创意来对文字进行处理。文字的创意设计，实际上就是以字体的合理结构为基础，通过丰富的联想，利用多种不同的创作手法，打造出具有更高表现力的文字造型，具体内容如下。

连笔

连笔的设计是指字体的前后笔画，一笔紧连着一笔，在画面上呈现出紧密相连的状态，使同一字体或者不同字体笔画之间流畅、自然地衔接起来。连笔的运用，讲究的四字体书写节奏的流畅，使信息更为突出和鲜明，并产生有效地传达。

通过连笔的创作设计，展现出笔画脉络与字体的整体形态概况，让各自笔画的特点片段得到补充和延伸，图2-93和图2-94为网店中的字体使用连笔设计后的效果，画面中使用圆圈圈起来的笔画即为连笔效果。

图2-93

图2-94

省略

字体形态的省略设计，需要对字体的基本结构有全面的掌握，在设计时要充分发挥联想，既要使字体呈现独特的个性，又要使文字具有可读性，易于区分画面中的字体形态。

图2-95

图2-95为使用省略的方式设计文字的效果，可以看到画面中通过一条斜线将字体的另外一部分隐藏起来，有利于引起人们的联想，产生若隐若现的感觉，与商品活动的主题相互辉映。

此外，省略方式的合理运用，让字体失去了部分的笔画，只能利用显示的笔画来表现字体的形态，反而让文字具有了独特的影像魅力，有助于增强文字的表现力，引起人们的关注。

装饰

为了让文字的表现更加的具象化，或者增强店铺商品的传播力度，在设计某些文字的过程中，可以在不改变文本整体效果的情况下，在文字的适当位置添加上修饰的元素。

图2-96和图2-97中的两组文字，在文字上都添加了修饰的元素，如奶瓶、袜子、蝴蝶结和裤子，这些装饰元素会给人留下深刻的印象，从而体现出视觉形象的新型审美观念，带来美好的视觉感受，同时也提前告知顾客店铺的销售信息。

图2-96   图2-97

2.4.4 利用文字营造一种氛围

在网店装修中，文字的作用除了表达和传递商品和活动信息之外，在设计中还可以利用文字营造一种特定的氛围。例如，中秋节会使用带有云彩元素的文字来营造出一种亲人团聚的亲切之感，而夏季的活动模块中会使用带有冰块元素的文字来制作出冰爽的感觉。

网店中的装修设计除了要符合店铺的风格以外，大部分的情况下会随着节气、节日的变化而发生一定的改变，而利用文字这一简单的元素，通过字体形状的变化、修饰元素的添加和色彩的搭配来营造出特定的氛围，具体内容如下。

图2-98

喜庆

图2-98为圣诞节欢迎模块。画面中使用了倾斜的文字来营造出动态的感觉，同时在文字上添加圣诞帽这种具有某种特殊节日意义的素材来渲染出节日的氛围，并搭配上与圣诞帽色彩相同的大红色来表达出喜庆的感觉。除此之外，在画面主题文字的两侧各放置了一个圆形的标签，传递出店铺活动的主要内容，让信息传递更加丰富。

冰爽

图2-99为夏季某店铺设计的欢迎模块。画面中使用了蓝色调的文字作为主要的表现对象，将冰块素材与文字组合在一起，由于冰块在人们的印象中为凉爽、寒冷的象征，在夏季中使用蓝色和冰块来修饰文字，可以给人非常纯净的感觉，并让人联想到海洋、天空、水、宇宙，会给观赏者的视觉带来一定的舒适感。

图2-99

图2-100

天然

图2-100为端午节的欢迎模块。画面中使用了大量的绿色植物对文字进行修饰，传递出浓浓的端午节氛围，通过使用外形厚实的字体来表现一种宽厚、亲切的感觉，而画面中黄绿色调与粽子的色彩相似，与其天然、绿色的健康理念相互一致，带来了一种清新的感觉。

可爱

图2-101为儿童节主题的欢迎模块。画面中使用了外形较为圆润的字体进行设计，通过稚拙的造型来表现出儿童可爱、天真的一面，并使用了丰富的色彩来对画面中的文字进行修饰，让整个画面充满了灵性和美感，这样的文字和画面设计让整个页面的氛围活泼、生动和快乐，传递出浓浓的欢乐之情。

图2-101

[情境导入]

　　东东想要把Photoshop中设计的图片用于网店的装修，但是打开Photoshop进行实际操作时，他发现需要掌握很多关于Photoshop的编辑操作技能，例如图片的裁剪、合成、修饰，文字的添加、编辑和调整等。由于没有经过系统的学习，他感到非常吃力，因而他想对Photoshop中用于网店装修的功能进行学习，以提高自己独立装修和设计网店装饰的能力。

[技能要求]

- 掌握图片大小调整、颜色校正、影调修饰和瑕疵修复的操作和相关的技巧，并且能够使用相关的工具和命令完成商品照片的处理。
- 能够在Photoshop中使用形状工具绘制出所需的图形。
- 根据设计的需要，熟练使用图层混合模式和图层样式对画面进行修饰。
- 独立制作出简单的闪图，并能够使用不同的方法为商品照片添加上边框。

[佳作赏析]

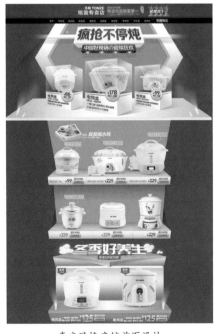

喜庆风格店铺首页设计

撞色风格店铺首页设计

在制作饰品网店首页的过程中，使用了Photoshop中的多种功能，包括了图层蒙版、文字工具、调整图层、图层混合模式等，通过多种功能的组合使用，将多个素材组合到一个画面中，由此完成网店的装修设计，接下来将对饰品网店中所使用的功能进行简单的介绍，如图3-1至图3-10所示。

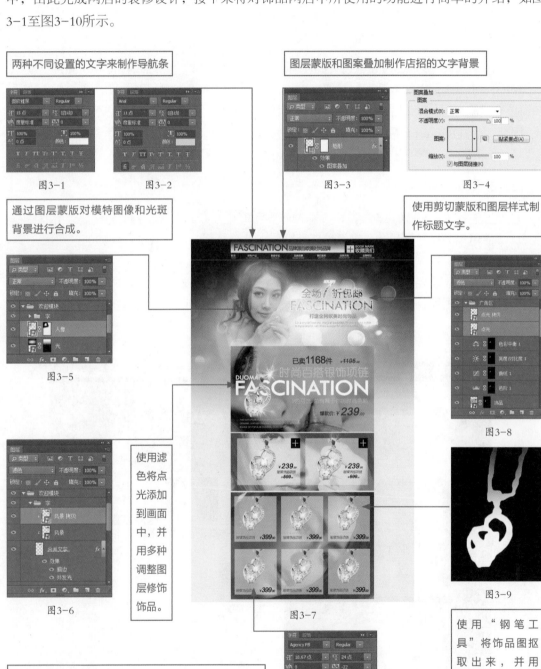

两种不同设置的文字来制作导航条

图层蒙版和图案叠加制作店招的文字背景

图3-1　　　　图3-2

图3-3　　　　图3-4

通过图层蒙版对模特图像和光斑背景进行合成。

使用剪切蒙版和图层样式制作标题文字。

图3-5

图3-8

使用滤色将点光添加到画面中，并用多种调整图层修饰饰品。

图3-6

图3-9

使用省略号制作出虚线的效果，对画面中的文字和商品照片进行分割。

图3-7

使用"钢笔工具"将饰品图抠取出来，并用"画笔工具"调整蒙版。

图3-10

网店的装修是一项较为精细和繁琐的工作，需要对采集的素材进行一系列的整理、修饰、美化和组合，最终才能在网店中进行使用。在进行网店的装修设计之前，让我们来了解关于Photoshop中软件操作的一些基础功能，这些功能在大多数的装修设计中都会使用，是一些必备的技能。

3.1.1 图片大小与格式的更改

当我们对收集的商品照片进行筛选后，如果将照片直接运用到网店中，那么首先遇到的问题就是需要对图片的大小进行更改。为了提高网页浏览的速度，店商对网店中各个区域的图片大小都有相应的规定，只有符合规定的图片才能正常显示和使用。

在Photoshop中可以通过两种方式对图片的大小进行更改，一种就是通过执行"图像>图像大小"命令，利用"图像大小"对话框中的"宽度""高度"和"分辨率"选项来对图片的大小进行重新的设置，具体如图3-11、图3-12、图3-13和图3-14所示。

图3-11

图3-12   图3-13   图3-14

另外一种更改图片大小的方式就是用"裁剪工具"截取图片中的局部图像，将多余的图像删除掉，以缩小图片的显示，改变原本图片的大小，具体操作如图3-15、图3-16、图3-17和图3-18所示。

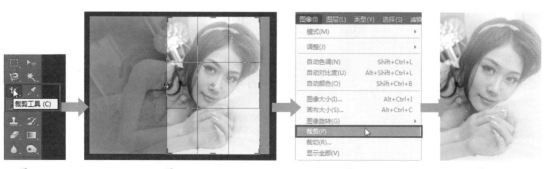

图3-15   图3-16   图3-17   图3-18

店商对网店的装修图片格式有严格的规定，如果制作后的图片不符合规定，是不能在网店中使用的。此时需要在Photoshop中对图片的格式进行更改。在Photoshop中更改图片的格式可以使用"存储为"菜单命令来完成，操作十分的简单，只需在"另存为"对话框的"保存类型"选项的下拉列表中选择文件的格式，就可以将当前编辑的图片存储为所需要的格式，如图3-19和图3-20所示。

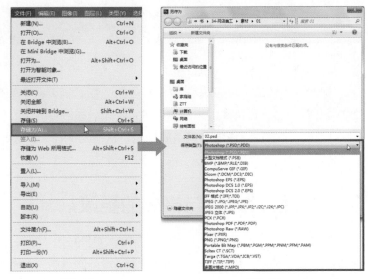

图3-19　　　　　　　　图3-20

3.1.2　图像的分布和排列

在装修网店的制作过程中，经常会遇到需要将多个对象整齐排列或者分布在同一画面上的情况，此时就需要使用到Photoshop中的分布和排列功能，它能够将选中的若干个对象以某种特殊的位置进行放置。

当Photoshop中的"图层"面板中选中多个图层之后，在工具选项栏中将显示出如图3-21所示的按钮，通过这些按钮的形状可以大致判定各个按钮的功能。

图3-21

工具选项栏中的按钮分别用于对齐和分布操作，其中对齐包括了顶对齐、垂直居中对齐、底对齐、左对齐、水平居中对齐和右对齐，而分布则包括了按顶分布、垂直居中分布、按底分布、按左分布、水平居中分布和按右分布。

图3-22、图3-23和图3-24分别为左对齐、垂直居中对齐和右对齐的效果，可以看到这三种对齐方式所呈现出来的文字排列效果会对画面的布局产生影响。

图3-22　　　　　　图3-23　　　　　　图3-24

3.1.3　页面切片及Web安全色

大多数人认为Web仅仅是一个环境，而对于网店装修的美工来说，它是一系列技术的复合总称，包括了网站的前台布局、后台程序、美工和数据库领域等技术。在Photoshop中可以对编辑后的图片进行切片和优化，然后存储为Web所需的格式，便于在网络上传输或者使用。在装修网店的过程中，页面切片和Web安全色是装修中需要掌握的基本技能，它能够帮助我们对网页的链接和色彩显示进行有效的控制。

切片使用HTML表或CSS图层将图像划分为若干较小的图像，这些图像可在Web页上重新组合。通过划分图像，可以指定不同的URL链接以创建页面导航，或使用其自身的优化设置对图像的每个部分进行优化。使用Photoshop中的"存储为 Web和设备所用格式"命令可以导出和优化切片图像，并将每个切片存储为单独的文件并生成显示切片图像所需的HTML或CSS代码（见图3-25），图3-26所示为Photoshop中使用"切片工具"将图片划分为若干个切片的效果图。

图3-25　　　　　　　　　　　　　　　　　　　　图3-26

不同的电脑操作平台有不同的调色板，不同的浏览器也有自己的调色板，这就意味着对于同一张图片在不同的电脑的浏览器中的显示的效果可能差别很大。这就需要使用Web安全色来对图片的色彩进行规范。

Photoshop中可以通过执行"存储为Web所用的格式"菜单命令来对编辑后的图片色彩进行优化设置，图3-27为"存储为Web所用格式"对话框，在其中可以对不同格式的文件进行优化处理。

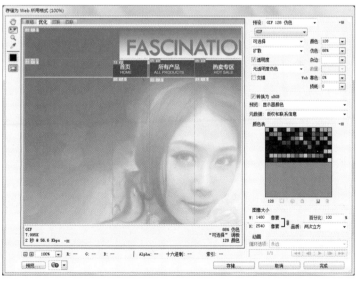

图3-27

3.2　宝贝照片的润色

当拍摄完成宝贝照片后，会发现拍摄的照片存在很多的问题。例如，有细微的瑕疵、色彩不够真实、层次不清晰等，这些问题都会影响商品给顾客的印象，再加之网店营销本身就是一种视觉上的营销，如果没有吸引人的图片，那么就不会有很高的销售量，因此，对宝贝照片进行润色，也是网店装修中非常重要的环节之一。

3.2.1　照片中瑕疵的修复

拍摄的宝贝照片如果有细微的瑕疵，例如污点、杂点、眼袋、斑点等，都可以使用Photoshop中的多种工具来进行修复，接下来重点讲解其中的"修复画笔工具""仿制图章工具"和"修补工具"。

修复画笔工具

"修复画笔工具"可用于校正瑕疵，使它们消失在周围的图像中，它可以利用图像或图案中的样本像素来绘画，还可将样本像素的纹理、光照、透明度和阴影与所修复的像素进行匹配，从而使修复后的像素不留痕迹地融入图像的其余部分。

选择"修复画笔工具"之后，在没有瑕疵的位置按住Alt键的同时单击取样图像，如图3-28所示。接着在有瑕疵的位置进行涂抹，如图3-29所示。涂抹后的区域将根据取样位置的图像对瑕疵进行修复，可以看到处理后的皮肤更加干净、平整，如图3-30所示。

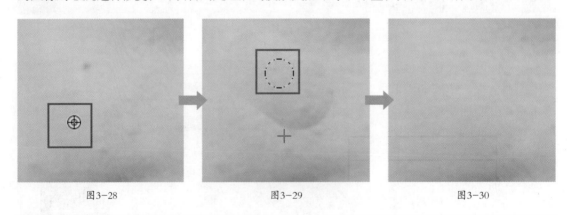

图3-28　　　　　　　　　图3-29　　　　　　　　　图3-30

> **提示**　如果要修复的区域边缘有强烈的对比度，则在使用"修复画笔工具"之前建立一个选区，选区应该比要修复的区域大，而且会精确地遵从对比像素的边界。当用"修复画笔工具"绘画时，该选区将防止颜色从外部渗入。

仿制图章工具

"仿制图章工具"将图像的一部分绘制到同一图像的另一部分，或绘制到具有相同颜色模式的任何打开的文档的另一部分，也可以将一个图层的一部分绘制到另一个图层。"仿制图章工具"对于复制对象或移去图像中的缺陷很有用。

要使用"仿制图章工具"，要从其中仿制像素的区域上设置一个取样点，并在另一个区域上绘制。可以对"仿制图章工具"使用任意的画笔笔尖，并且能够准确控制仿制区域的大小，也可以使用不透明度和流量设置来控制仿制区域的绘制应用程度。

使用"仿制图章工具"之前按住Alt键的同时在需要取样的位置单击，如图3-31所示。接着在需要修复的区域将取样的图像复制到上面，如图3-32所示。将这个编辑进行反复的操作，即多次取样后多次进行修复，直到把商品上的标签覆盖完为止，如图3-33所示。

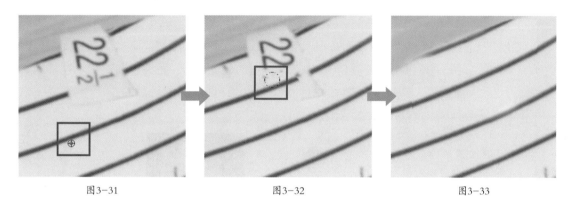

图3-31   图3-32   图3-33

修补工具

通过使用"修补工具"可以用其他区域或图案中的像素来修复选中的区域。与"修复画笔工具"一样，"修补工具"会将样本像素的纹理、光照和阴影与源像素进行匹配，还可以使用"修补工具"来仿制图像的隔离区域。

在处理模特照片的过程中，经常会使用"修补工具"来对模特的眼袋进行处理，消除人物的眼袋，还原魅力双眼。

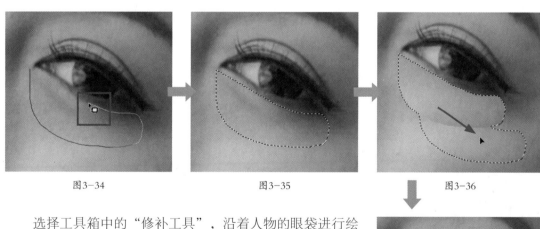

图3-34   图3-35   图3-36

选择工具箱中的"修补工具"，沿着人物的眼袋进行绘制，如图3-34所示。将绘制的开端与末端相连，使其形成一个封闭的选区，如图3-35所示。接着单击并拖曳选区中的图像到其他平整的皮肤位置，如图3-36所示。此时Photoshop会根据拖曳后的图像信息来对眼袋位置的图像进行自动的修复，可以发现人物的眼袋消失了，见图3-37。

图3-37

3.2.2 增强照片的层次

为了让宝贝形象完美地展现在顾客前面，在对商品照片进行处理之前，还会对画面的影调进行调整，由此来增加层次感。在Photoshop中可以通过提高亮度和增强暗调的方式让画面的曝光趋于正常，只需使用"色阶""曲线"和"亮度/对比度"等命令来完成即可，让照片快速恢复清晰的影像。

色阶

"色阶"通过改变照片中像素分布来调整画面曝光和层次，通过"调整"面板即可创建色阶调整图层。图3-38为礼服处理前的效果，在色阶的"属性"面板中调整各个选项的参数，即可更改画面影调和层次，如图3-39所示，图3-40为礼服照片处理后的效果。

> **提示**
>
> 通过"色阶"的"属性"面板可以看到照片的直方图效果，在直方图中可以观察到画面中高光、暗部和中间调区域的位置。

图3-38 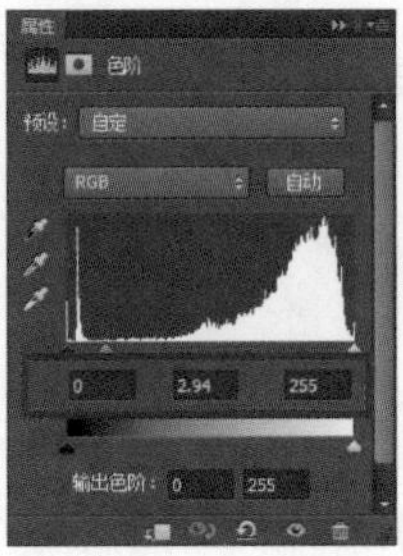   图3-39    图3-40

为了使"色阶"的操作更加快捷，在"色阶"的设置中可以使用"预设"选项和"自动"按钮快速对画面的影调进行调整，在调整的过程中色阶值将同时发生变化。

曲线

在调整商品照片明暗的过程中，"曲线"也是一个较为常用的调整命令。"曲线"可以控制曲线中任意一点位置的影调，它可以在较小的范围内调整图像的明暗，比如高光、1/4色调、中间调、3/4色调或者暗部，通过应用不同的曲线形态来控制画面的明暗对比效果。

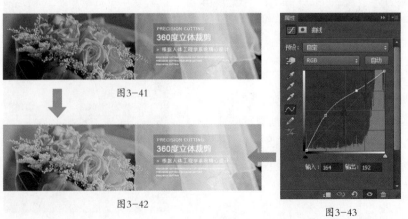

图3-41

图3-42

图3-43

从图3-41中可以看到花卉的影调偏暗，当利用"曲线"中的设置对画面中的暗调进行提亮之后，花卉的暗部变亮，呈现出阳光、自然的视觉效果，具体设置和效果如图3-42和图3-43所示。

亮度/对比度

"亮度/对比度"可以对照片的明亮度和对比度进行调整，它会对照片中的所有像素进行相同程度的调整，从而容易导致图像细节的损失，因此在使用该命令的过程中要防止参数过大而过度调整图像，但是"亮度/对比度"调整的效果会更加直观，在改变商品照片影调的编辑中也是经常会用到的一个命令。

图3-44为礼服细节图处理前的效果，可以看到丝缎显得灰暗无光，没有视觉感染力，而通过"亮度/对比度"调整（见图3-45）之后的画面材质感更强，并且画面更干净，如图3-46所示。

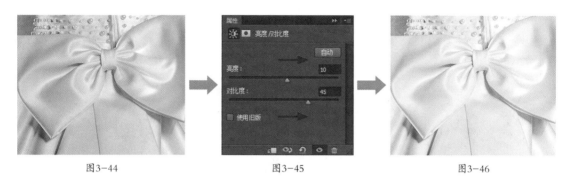

图3-44　　　　　　　　　　　图3-45　　　　　　　　　　　图3-46

> **提示**　"亮度/对比度"中的"对比度"选项相当于"曲线"命令中所使用的S形曲线，它能够增强照片中暗部和亮部之间的对比，并且中间调范围的图像受调整的影响最明显。

3.2.3　照片色彩的调整

由于受环境光线影响和白平衡设置不当的原因，拍摄出来的商品照片色彩会和人眼看到的效果不同，因此后期商品照片处理中的色彩校正就显得很必要了。照片色彩的调整常用的命令包括 "色彩平衡""色相/饱和度"和"黑白"等，接下来就通过不同的命令对后期中全图色彩的调整进行讲解。

色彩平衡

在Photoshop中最常用于调整画面色彩的应属于"色彩平衡"命令，它能够单独对照片的高光、中间调或阴影部分进行颜色更改，通过添加过渡色调的相反色来平衡画面的色彩，而"色彩平衡"调整图层的创建也可以用"调整"面板来实现，如图3-47至图3-49所示。

图3-47　　　　　　　　　　　图3-48　　　　　　　　　　　图3-49

从图3-47中可以看到，画面抠取的女鞋由于受拍摄光线的影响而显得偏黄，通过如图3-48所示的"色彩平衡"调整图层的编辑后，画面中的女鞋更趋近于人眼所看到的色彩，显得更为真实，如图3-49所示。

色相/饱和度

"色相/饱和度"可以有针对性地对特定颜色的色相、饱和度和明度进行调整，在突显照片主体或者拍摄时尚大片的后期处理中显得非常重要。由于"色相/饱和度"是基于色彩的三要素对不同色系的颜色进行调整的，因此所获得的调色效果会更加丰富。

从图3-50中可以看到女鞋处理前的颜色为蓝色，使用如图3-51、图3-52所示的设置进行调整后，照片中的蓝色女鞋变成了绿色，如图3-53所示。

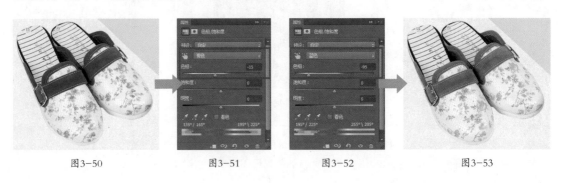

图3-50　　　　　　图3-51　　　　　　图3-52　　　　　　图3-53

黑白

"黑白"命令可以让将彩色图像转换为灰度图像，但是在编辑的过程中，能够对照片中各种颜色的转换程度进行完全控制，即对各种颜色的明暗进行调整。还可利用"色调"为灰度的图像进行着色，打造出双色调的画面效果，在编辑网店网页背景、欢迎模块的时候经常会用到。

图3-54

图3-54和图3-55为将照片调整为双色调的前后对比效果，通过如图3-56所示的"黑白"调整图层的"属性"面板的设置，在其中指定双色调的色彩，以及每种色相的明暗程度，能够轻松将彩色或者黑白的图像转换为双色调的画面效果。

图3-55

图3-56

提示　在"黑白"对话框的"预设"下拉列表中包含了多种预设的黑白效果，根据需要可以在其中选择所需的效果直接应用到图层中，在选择预设效果的同时，对话框中的颜色滑块将发生相应的变化。

Photoshop中除了可以使用调整命令和修饰工具对图片进行处理外，还具有很多其他的功能，例如绘制图形修饰画面、使用图层样式制作特殊效果、利用图层蒙版控制编辑区域、为商品照片添加边框等，接下来将对这些操作进行具体介绍。

3.3.1 绘制图形修饰页面

Photoshop中的绘图包括创建矢量形状和路径，在其中可以使用任何形状工具、"钢笔工具"或"自由钢笔工具"进行绘制。在开始绘图之前，必须从选项栏中选取绘图模式，选取的绘图模式将决定是在自身图层上创建矢量形状、还是在现有图层上创建工作路径或是在现有图层上创建栅格化形状。

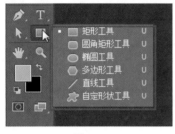

图3-57

在Photoshop中，可以使用多种形状工具进行绘图操作，右键单击工具箱中的"矩形工具"，在弹出的工具菜单中可以看到其中包含了六种不同的工具，即"矩形工具""椭圆工具""圆角矩形工具""多边形工具"等，见图3-57。使用这些工具绘制出不同的形状，并对绘制的形状进行组合，能够创造出多种多样、造型丰富的形状来对网店进行修饰。

以"矩形工具"为例，选择"矩形工具"后，在其选项栏中按照图3-58所示的内容进行设置，接着按住Shift键的同时单击并拖曳鼠标，绘制一个正方形，在"图层"面板中将同时得到一个相应的形状图层，如图3-59所示，将正方形放在适当的位置，如图3-60所示。由于在选项栏中设置的绘制模式为"形状"，因此得到的形状图层具有矢量图形的特点。

图3-58

Photoshop中可以在形状图层中绘制单独的形状，或者使用形状工具选项栏中的"添加""减去""交叉"或"除外"选项来修改图层中的当前形状，改变绘制的形状的外观。

图3-59

图3-60

提示　"形状图层"可以在单独的图层中创建形状，使用形状工具或"钢笔工具"都可以创建形状图层。因为可以方便地移动、对齐、分布形状图层以及调整其大小，所以形状图层非常适于为Web页创建图形。不仅可以选择在一个图层上绘制多个形状，形状图层还可以定义形状颜色的填充颜色以及添加矢量蒙版。

3.3.2 利用图层样式增强特效感

Photoshop提供了各种图层样式，如阴影、发光和斜面等，用来更改图层内容的外观。图层样式与图层内容链接，移动或编辑图层的内容时，修改的内容中会应用相同的样式。例如，如果对文本图层应用投影并添加新的文本，则将自动为新文本添加阴影。

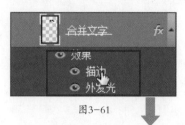

图3-61

图层样式通过"图层样式"对话框来创建或者设置样式，添加的图层样式会出现在图层的下方，如图3-61所示，通过双击样式名称，可以再次打开"图层样式"对话框，如图3-62所示，以便查看或编辑样式的设置。其效果如图3-63所示。

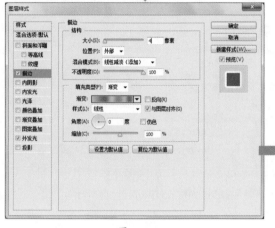

图3-62

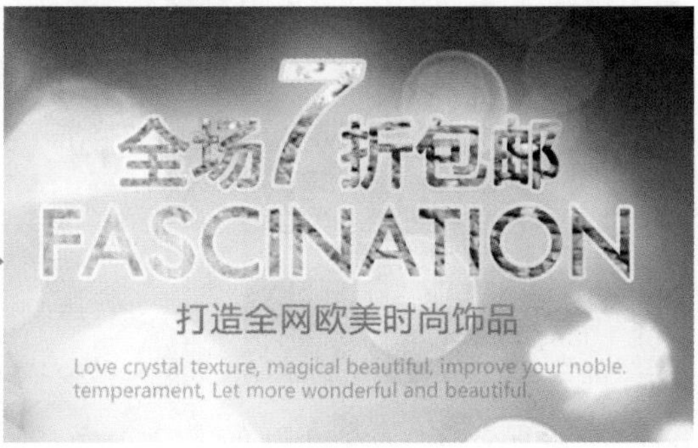

图3-63

第一部分　基础篇——装修前必备知识

在"图层样式"对话框可以编辑应用于图层的样式，或使用"图层样式"对话框创建新样式。在其中勾选复选框可应用当前设置，而不显示效果的选项。单击效果名称可显示效果选项，并能够对相应的选项进行设置。

可以为同一图层应用一个或者多个图层样式，"图层样式"对话框中各个样式的具体应用效果如下。

斜面和浮雕：对图层添加高光与阴影的各种组合。

描边：用颜色、渐变或图案在图层上描画对象的轮廓。它对于硬边形状或者文字特别有用。

内阴影：紧靠在图层内容的边缘内添加阴影，使图层具有凹陷外观。

外发光、内发光：添加从图层内容的外边缘或内边缘发光的效果。

光泽：应用创建光滑光泽的内部阴影。

颜色、渐变和图案叠加：使用颜色、渐变或图案填充图层内容。

投影：在图层内容的后面添加阴影。

如果图层中包含有图层样式，"图层"面板中的图层名称右侧将显示"fx"图标fx。要隐藏或显示图像中的所有图层样式，可以通过单击"效果"前面的眼睛图标来进行控制，具体如图3-64和图3-65所示。

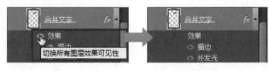

图3-64

图3-65

拷贝和粘贴样式是对多个图层应用相同效果的便捷方法。只需从"图层"面板中，选择包含要拷贝的样式的图层，右键单击该图层，在展开的菜单中选择"拷贝图层样式"命令，见图3-66。接着从"图层"面板中选择目标图层，然后右键单击该图层，在弹出的菜单中选择"粘贴图层样式"命令，见图3-67；粘贴的图层样式将替换目标图层上的现有图层样式，如图3-68所示。

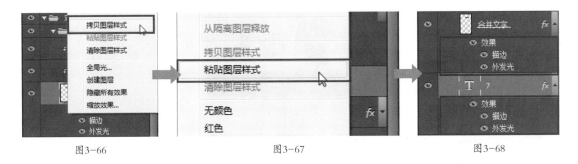

图3-66   图3-67   图3-68

3.3.3 图层混合模式制造特殊效果

在图层的应用中，通过调整图层混合模式可以对图像颜色进行相加或相减，从而创建出各种特殊的效果。在Photoshop中包含了多种类型的混合模式，分别为组合型、加深型、减淡型、对比型、比较型和色彩型。根据不同的视觉需要，可以应用不同的混合模式，单击"图层"面板中图层混合模式右侧的三角形按钮，可以弹出如图3-69所示的图层混合模式菜单。

各种类型的混合模式介绍如下。

组合型混合模式： 包含"正常"和"溶解"，图层默认情况下图层的混合模式都为"正常"。

加深型混合模式： 包含"变暗""正片叠底""颜色加深""线性加深"和"深色"，它们可以将当前图像与底层图像进行加深混合，将底层图像变暗。

减淡型混合模式： 包含"变亮""滤色""颜色减淡""线性减淡（添加）"和"浅色"，它们可以使当前图像中的黑色消失，任何比黑色亮的区域都可能加亮底层图像。

对比型混合模式： 包含"叠加""柔光""强光""亮光""线性光""点光"和"实色混合"，它们可以让图层混合后的图像产生更强烈的对比性效果，使图像暗部变得更暗，亮部变得更亮。

比较型混合模式： 包括"差值""排除""减去"和"划分"，可以通过比较当前图像与底层图像，将相同的区域显示为黑色，不同的区域显示为灰度或彩色。

色彩型混合模式： 包括"色相""饱和度""颜色"和"明度"，它们通过将色彩三要素中的一种或两种应用到图像中，从而混合图层色彩。

图3-69

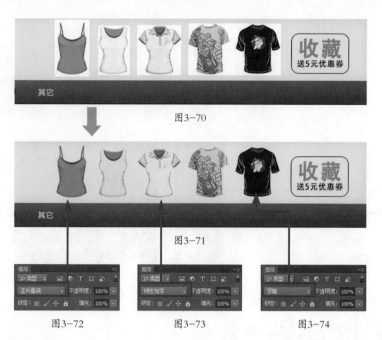

图3-70

图3-71

图3-72　　　　图3-73　　　　图3-74

图3-70为添加服装素材后的画面效果。当分别对各个服装素材图层的混合模式进行设置后，在图像窗口中可以看到服装素材背景中的白色部分消失，画面形成完美的融合效果，见图3-71至3-74所示。可以判定的是：图层混合模式的应用可以将图层中白色的图像区域自然地与下方图像中的色彩融合在一起了。

> **提示**
>
> 　　值得注意的是，图层混合模式与形状工具选项栏中的混合模式不同，图层混合模式中没有"清除"混合模式。对于Lab颜色模式的图片，不能使用"颜色减淡""颜色加深""变暗""变亮""差值""排除""减去"和"划分"混合模式。

3.3.4　利用选区控制编辑范围

　　选区是Photoshop中的一个很重要的概念，Photoshop CC提供了多种工具和命令帮助用于创建和编辑选区。本小节将单独介绍选区的相关内容，包括规则选区的创建、不规则选区的操作等，通过对选区知识的了解，可以使局部修饰的操作更加快捷和简单。

创建规则选区

　　规则选区的创建可以通过选框工具组来完成，在Photoshop工具箱的"矩形选框工具"隐藏工具中包含了"椭圆选框工具""单行选框工具"和"单列选框工具"，如图3-75所示，分别可以创建出矩形、椭圆形、单行和单列的规则选区，图3-76为使用规则选框工具创建选区的效果。

图3-75　　　　　　　　　　　　　图3-76

　　在使用"矩形选框工具"■和"椭圆选框工具"■创建正方形或者正圆形选区的过程中，只需按住Shift键的同时单击并拖曳鼠标，即可创建出正方形或正圆形的选区。

创建不规则选区

Photoshop中提供了套索工具组帮助用户对不规则的选区进行创建的设置，在工具箱中"套索工具"的隐藏工具中包含了"多边形套索工具"和"磁性套索工具"，可以创建出任意形状的选区。

"套索工具"可以根据鼠标绘制的路径创建出自由的选区，而"多边形套索工具"会根据鼠标单击的位置创建多边形外观的选区，"磁性套索工具"会根据颜色图像的缘边创建带有锚点的路径，闭合路径后将创建出选区效果，具体如图3-77~图3-82所示。

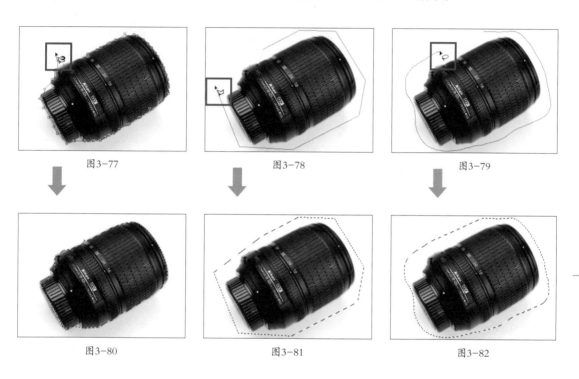

图3-77　　　　　　　　　图3-78　　　　　　　　　图3-79

图3-80　　　　　　　　　图3-81　　　　　　　　　图3-82

3.3.5 　蒙版控制图像显示效果

蒙版用于控制图层的显示区域，但并不参与图层的操作，蒙版与图层两者之间是息息相关的。在Photoshop中进行网店装修时，使用蒙版可以保持画面局部的图像不变，对处理区域的图像进行单独的色调和影调的编辑，被蒙版遮盖起来的部分不会受到改变，通常用于对商品图片进行抠取、编辑局部颜色和影调等操作。

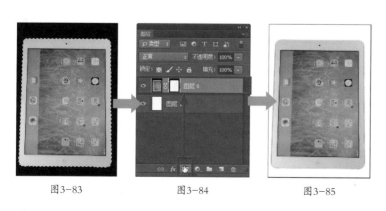

图3-83　　　　图3-84　　　　图3-85

图3-83、图3-84和图3-85为使用选区工具创建选区之后，接着单击"添加图层蒙版"按钮，为图层添加蒙版的编辑效果，可以看到商品被抠选出来，而所创建的图层蒙版与选区的范围有关。

为图层创建图层蒙版之后，可以通过双击"图层"面板中的"蒙版缩览图"，见图3-86，可以打开"蒙版"面板，见图3-87。在"蒙版"面板中显示了当前蒙版的"浓度""羽化"等选项，可以对这些选项进行设置并同时应用到蒙版中。

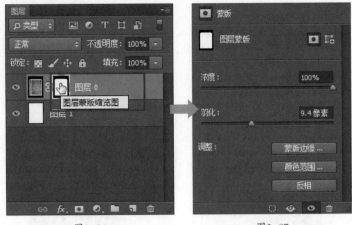

图3-86　　　　　　　　　　　　图3-87

图3-88

单击"蒙版"面板中的"蒙版边缘"按钮，可以打开"调整蒙版"对话框，见图3-88。其中，可以通过多个选项来对蒙版的边缘进行精细的调整，使抠取的图像更加准确。

"调整蒙版"对话框中的"半径"选项确定发生边缘调整的选区边界的大小；"平滑"选项减少选区边界中的不规则区域以创建较平滑的轮廓；"羽化"选项用于模糊选区与周围的像素之间的过渡效果；"对比度"选项增大时，沿选区边框的柔和边缘的过渡会变得不连贯；"移动边缘"使用负值向内移动柔化边缘的边框，或使用正值向外移动这些边框。

图3-89为未经过处理的图层蒙版效果，可以看到其边缘较为粗糙，通过图3-90所示的处理之后，得到图3-91所示的编辑效果，可以看到图像的边缘效果更加的理想。按住Alt键单击"图层蒙版缩览图"后，可以查看图层蒙版的黑白图像效果，见图3-92。

图3-89　　　　　　　图3-90　　　　　　　图3-91　　　　　　图3-92

提示　　除了创建选区后添加图层蒙版，还可以使用绘图工具对蒙版的效果进行调整，如"画笔工具"和"渐变工具"。使用"画笔工具"可以直接在选中的图层蒙版上进行涂抹，根据前景色的不同，其涂抹后的效果也会不同；而"渐变工具"则可以在图层蒙版中快速创建一个带有渐隐效果的灰度图像，其中黑色的蒙版区域将被隐藏，白色区域将被显示出来，而灰色的区域将以半透明的方式显示出来。

3.3.6　闪图的制作方法

为了使画面更加吸引眼球，往往会为网店添加上闪图，也就是GIF格式的动画图像，接下来将对闪图的制作方法进行讲解。

打开一张收藏区图片，使用色彩平衡对其色彩进行两次调整，接着打开"时间轴"面板，在其中单击"复制所选帧"按钮，让"时间轴"面板中有三个关键帧，按照图3-93、图3-94和图3-95所示的"图层"面板对每个帧中的显示效果进行调整，分别得到图3-96、图3-97和图3-98所示的效果，并在"时间轴"面板中将其按照所需的位置进行排列，如图3-99所示，设置每个帧的显示时间为0.5秒，如图3-100所示。

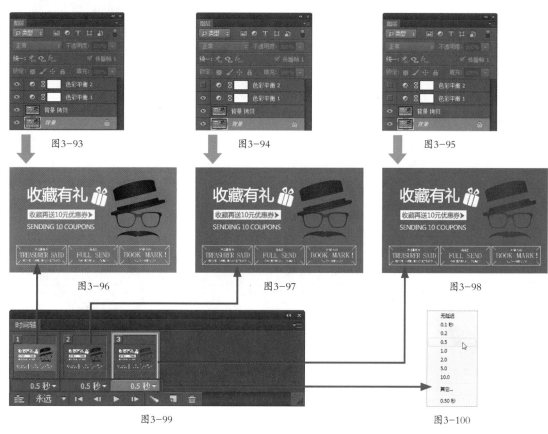

图3-93　　　　　　　　　图3-94　　　　　　　　　图3-95

图3-96　　　　　　　　　图3-97　　　　　　　　　图3-98

图3-99　　　　　　　　　　　　　　　　　图3-100

完成帧动画的编辑后，单击"时间轴"面板中的"播放动画"按钮，可以对编辑的动画进行播放，即完成闪图的制作，之后对编辑的文件执行"文件＞存储为Web所用格式"菜单命令，在打开的对话框中进行设置，见图3-101。最后，选择GIF格式对文件进行存储，即可完成闪图的制作。

图3-101

3.3.7　三种方式为照片添加边框

在网店装修中，有时候为了让商品的照片更加突出和明显，会为商品添加边框效果。Photoshop提供三种方式为照片添加边框：第一种是使用"描边"图层样式；第二种是通过合成添加边框；第三种就是使用"裁剪工具"扩展画布添加纯色边框。

"描边"图层样式添加边框

先将商品抠取出来，接着为图层应用"描边"图层样式，可以为商品添加上纯色、渐变或者图案填充效果的描边，如图3-102和图3-103所示。

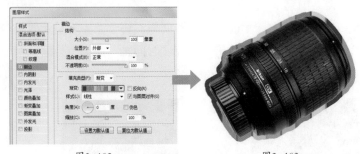

图3-102　　　　　　　　　　　图3-103

合成边框效果

利用合成方式为商品添加边框，可以选择的范围较广，任何样式和效果的边框素材都可以将其与商品照片进行合成。首先选择需要添加的边框素材，将其抠取出来，放在商品照片的下方，接着调整两个图层中图像的大小和位置，最后对边框的效果进行编辑，见图3-104、图3-105和图3-106。

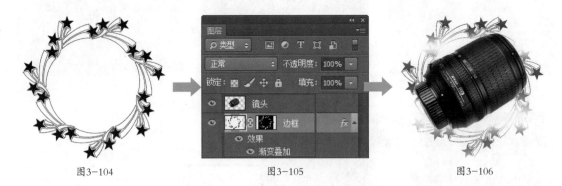

图3-104　　　　　　　　　　图3-105　　　　　　　　　图3-106

"裁剪工具"扩展画布添加纯色边框

使用"裁剪工具"可以为照片添加上以背景色为填充色的纯色边框。选择"裁剪工具"后对裁剪框进行编辑，将裁剪框的大小调整到比画布还大，空白的区域Photoshop会使用背景色进行填充，具体操作和效果如图3-107、图3-108和图3-109所示，这样照片的边缘就形成了纯色的边框。

图3-107　　　　　　　　图3-108　　　　　　　　　　图3-109

第4章　店招与导航的设计

[情境导入]

　　小田打算在网上新开一家网店，主要销售一些手工织品，在完成商品照片的拍摄和处理后，她需要为店铺进行装修，装修中遇到的第一个问题就是要为店铺制作出店招和导航，由此将网店的招牌挂出去，让店铺给浏览的顾客留下印象。此时，她开始思考，需要用怎样的创意、配色和设计元素来制作店招和导航……

[技能要求]

- 能够通过"图层样式"、添加修饰元素等方式对店铺的店名进行修饰，制作出别具一格的店铺LOGO，并使用图层蒙版控制店招中广告图片的显示效果。
- 根据店铺的商品及商品照片的风格，来定义店铺店招和导航的风格及配色，以适当的广告语和图像来吸引顾客的注意和兴趣。

[效果展示]

粉嫩婴幼儿商品网店店招

潮流女装网店店招

店招，顾名思义，就是网店的店铺招牌，从网店商品的品牌推广来看，想要在整个网店中让店招变得便于记忆，在店招的设计上需要具备新颖、易于传播、便于记忆等特点。而导航就是网店商品的指路明灯，它主要表现店铺商品的分类。

4.1.1 店招与导航的概述

店招和导航位于网店的最顶端，成功的店招需要标准的颜色和字体、清洁的设计版面。此外，店招包含简洁，吸引力强的广告语，画面还要具备强烈的视觉冲击力，清晰地告诉买家你在卖什么，通过店招也可以对店铺的装修风格进行定位，如图4-1所示。

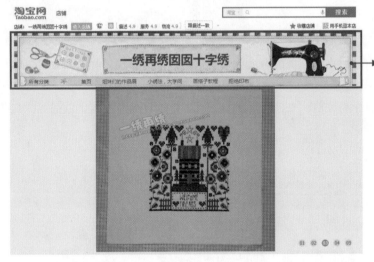

在店招中添加店铺名称，同时使用具有代表性的图片来暗示店铺的销售内容，并通过店招和导航的色彩来确定整个网店的装修风格和色彩。

图4-1

以淘宝网为例，店招的设计尺寸应该控制在950像素×150像素内，且格式为JPEG或GIF，其中的GIF格式就是通常所见的带有Flash效果的动态店招。尺寸保持在950像素×150像素，其中950像素为宽度，150像素为高度，某些网店的店招宽度可以超出950像素，但是最大不能超出1260像素。

为了让店招有特点且便于记忆，在设计的过程中都会采用简短醒目的广告语等辅助内容。通过适当的配图来增强店铺的认知度，店招所包含的主要内容包括店铺的名称、品牌名称、店铺LOGO、简短的广告语和广告商品等，如图4-2所示。

店铺名称　　　　广告语及活动信息　　　　风格和色彩一致的导航　　收藏店铺标志

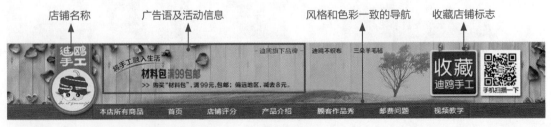

图4-2

在进行网店店招和导航的设计过程中，并不是要将所有的内容都包含到店招中。在大部分的店招设计中，往往会将店铺的名称进行重点展示，而将其他的元素进行省略，这样的设计不仅能够让店铺的名称更加直观，而且利于树立店铺的形象。

4.1.2 赏析网店店招和导航

店招好比一个店铺的脸面，对店铺的发展起着较为重要的作用，在设计网店店招时，要更多地从留客的角度去考虑，在图4-3～图4-6中，设计者对店招和导航的设计中使用了与店铺商品风格一致的色彩和图片，同时添加具有吸引力的广告信息和收藏信息来赢得顾客的兴趣和喜爱。

店铺是销售茶具为主，为了表现出中国茶艺千年的文化，设计中使用了与茶色相似的怀旧色进行搭配，并配上具有突出表现作用的中国红，让画面主次分明，同时书法字体和印章的使用也是画面的亮点，这使得整个效果更具古典韵味。

设计配色

图4-3

图4-4

橘红色象征着太阳的色彩，而店招是为照明设备店铺所设计的店招和导航，因此使用橘红色能够让色彩与商品的特点相互吻合。为了突显出店铺的品质感，让顾客给予更多的信任，在制作过程中为文字和设计元素添加了投影、描边等，以此打造出精致的花质感。

设计配色

图4-5

图4-6

4.2 粉嫩婴幼儿商品网店

婴幼儿商品通常会使用高明度的色彩来进行表现，根据这一特点，本案例使用了多种高明度的色彩营造出纯洁、稚嫩的画面效果，见图4-7。画面中搭配了外形可爱的婴儿用品图形，同时使用多彩的彩虹条作为画面的背景，整个画面灵动感十足，情趣盎然。

素 材	素材\05\ 01、02.jpg
源文件	源文件\04\粉嫩婴幼儿商品网店店招.psd

图4-7

[设计理念]

· 以浅黄色为主，表现出一种温暖、明亮的感觉，使用明度较高的多种色彩来修饰画面，烘托出婴儿娇柔、稚嫩的肌肤质感，让店铺的形象更加活泼可爱；
· 使用浅色的条纹作为画面背景，制作出彩虹般多姿多彩的视觉效果；
· 采用俏皮可爱，且圆润的字体来完成文字的编辑，使得整个画面风格更加统一。

[工具使用]

· 使用素材照片制作出店招中所需的背景和修饰元素，通过图层蒙版和"不透明度"来调整编辑的效果；
· 利用"描边"样式对绘制的形状进行修饰，使其边缘清晰可见；
· 选择"自动形状工具"中的"轨道"形状绘制LOGO中的图形。

[操作步骤]

步骤01 在Photoshop中新建一个文档，将素材\05\01.jpg素材添加到图像窗口中，适当调整文件的大小，使其铺满整个图像窗口，接着在"图层"面板中设置其"不透明度"选项为20%，见图4-8。在图像窗口中可以看到如图4-9所示的效果。

图4-8　　　　　　　　　　图4-9

步骤02 使用"矩形选框工具"在图像窗口中创建一个矩形选区作为店招,在新建的图层中填充上适当的颜色,命名图层为"店招矩形",并使用如图4-10所示的"描边"样式对其进行修饰,在图像窗口中可以看到如图4-11和图4-12所示的编辑效果。

图4-10   图4-11   图4-12

步骤03 打开素材\05\02.jpg,使用图层蒙版对图像的显示进行控制,并复制图层,见图4-13。通过调整图层蒙版来改变图像显示,得到如图4-14所示的编辑效果。

图4-13   图4-14

步骤04 使用"横排文字工具"在图像窗口中适当的位置输入文字,进行如图4-15和图4-16所示的设置,添加素材图像,得到如图4-17所示的编辑效果。

步骤05 使用"圆角矩形工具"绘制出所需的形状,在图像窗口中设置其"填充"为0%,并使用"描边"样式进行修饰,具体的操作及效果如图4-18至图4-21所示。

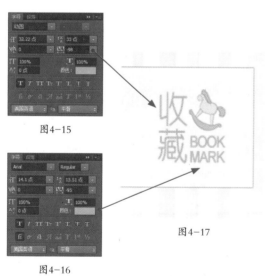

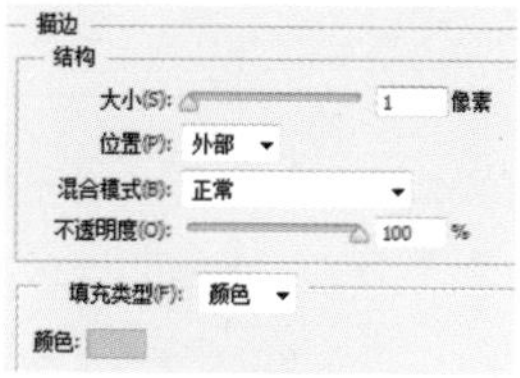

图4-15

图4-16

图4-17

图4-18

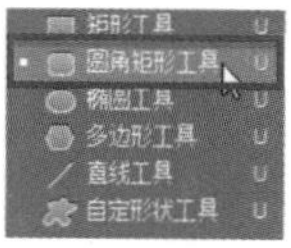

图4-19

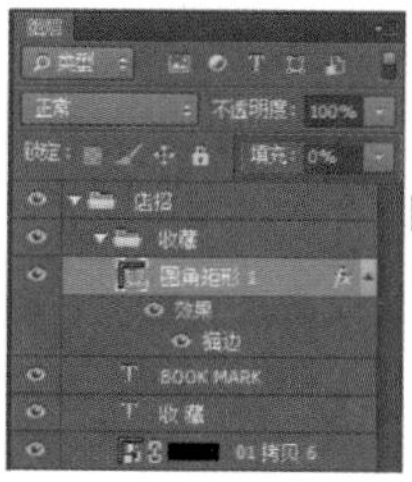

图4-20    图4-21

步骤06 使用"横排文字工具"在店招的适当位置输入ABC,接着打开"字符"面板,按照如图4-22所示的参数进行设置,并为文字添加上素材进行修饰,得到如图4-23所示的编辑效果。

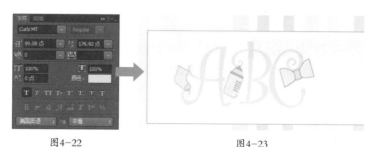

图4-22   图4-23

步骤07 选择"自定形状工具"选项栏中的"轨道"形状，见图4-24。并结合如图4-25所示的设置完成店铺LOGO的制作，得到如图4-26所示的编辑效果。

步骤08 选择"钢笔工具"制作出导航的背景，填充上适当的颜色，按照如图4-27所示的"描边"样式对其进行修饰，在"图层"面板中可以看到如图4-28所示的效果，在图像窗口中可以看到如图4-29所示的编辑结果。

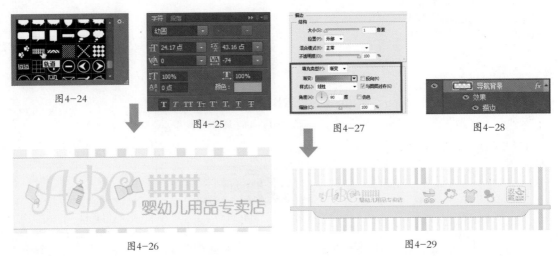

图4-24　　图4-25　　图4-27　　图4-28

图4-26　　图4-29

步骤09 选择"圆角矩形工具"绘制出导航上的按钮形状，并为其填充适当的颜色。接着选择"横排文字工具"输入文字，按照如图4-30所示的参数进行设置，在图像窗口中可以看到编辑后的效果，如图4-31所示，在"图层"面板中可以看到如图4-32所示的图层。

图4-30　　图4-31　　图4-32

步骤10 绘制出输入框的形状，降低其"不透明度"为70%，见图4-33。使用"描边"样式进行修饰，如图4-34所示。在图像窗口中可以看到如图4-35所示的效果。

步骤11 为搜索框添加文字和放大镜图形，按照如图4-36所示的参数对文字进行设置，得到如图4-37所示的图层，在图像窗口中可以看到如图4-38所示的效果，完成本例的编辑。

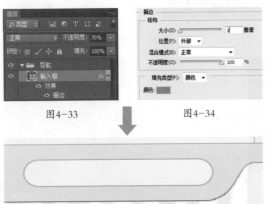

图4-33　　图4-34　　图4-36　　图4-37

图4-35　　图4-38

4.3 潮流女装网店店招

　　本案例是为某潮流女装网店所设计的店招和导航，设计中参照模特照片的色彩进行配色，以此营造出怀旧的潮流感，通过在店招中添加模特的形象来表明店铺的销售内容，利用简单直观的文字说明店名和相关活动信息，显得简约而大气，具体如图4-39所示。

素材	素材\04\03、04、05.jpg
源文件	源文件\04\潮流女装网店店招.psd

图4-39

[设计理念]

- 本案例在色彩搭配上使用怀旧色彩打造出复古时尚的感觉，整个画面以橡皮红和熟褐色为主，怀旧感十足，再搭配饱和度较低的图像，使得整个画面色彩和谐而统一；
- 店招的背景添加了细小的条纹，增添了画质的精致感；
- 在画面文字上添加细小的投影效果，突出质感的同时给人以华丽、高贵的感觉。

[工具使用]

- 使用"渐变叠加"样式对绘制的形状进行修饰，使其层次更加丰富；
- 利用"投影"样式来修饰添加的文字，提升文字的表现力；
- 使用图层蒙版将两张照片合成到一起，形成自然的过渡效果。

[操作步骤]

步骤01 在Photoshop中新建一个文档，将素材\04\03.jpg添加到图像窗口中，并适当调整照片的大小，降低"不透明度"为70%，如图4-40所示，使用如图4-41所示的"内发光"样式修饰白色背景，得到如图4-42所示的编辑效果。

图4-40　　　　　　图4-41　　　　　　　　图4-42

步骤02 绘制出店招的背景，使用如图4-43所示的"渐变叠加"样式对其进行修饰，接着新建图层，命名为"线条"，如图4-44所示。绘制出若干线条，得到如图4-45所示的编辑效果。

图4-43　　　　4-44　　　　　　　　　图4-45

步骤03 选择工具箱中的"横排文字工具"，按照如图4-46所示的"字符"面板对文字的属性进行设置，接着为文字添加"投影"样式，增强层次感，如图4-47所示。在图像窗口中可以看到如图4-48所示的编辑效果。

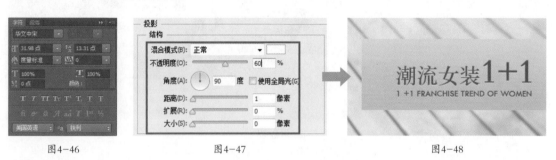

图4-46　　　　　　　　　图4-47　　　　　　　　　图4-48

步骤04 将素材\04\04、05.jpg添加到图像窗口中，适当调整图像的大小和位置，如图4-49所示。接着为图层添加图层蒙版，使用"画笔工具"对蒙版进行编辑，得到如图4-50所示的编辑效果，让图像之间形成自然的过渡效果，在"图层"面板中可以看到如图4-51所示的编辑效果。

图4-49　　　　　　　　　图4-50　　　　　　　　　图4-51

步骤05 选择工具箱中的"横排文字工具"，在店招的适当位置单击并输入所需的文字，打开"字符"面板，对文字的字体、颜色、字号和字间距等属性进行设置，如图4-52和图4-53所示。在图像窗口中可以看到如图4-54所示的编辑效果。

图4-52　　　　　　　　　图4-53　　　　　　　　　图4-54

步骤06 将步骤05中的文字拖曳到创建的图层组"包邮"中，如图4-55所示。使用如图4-56所示的"投影"样式对图层组进行修饰，让文字的表现更加精致，在图像窗口中可以看到如图4-57所示的编辑效果。

图4-55

图4-56

图4-57

步骤07 使用"矩形工具"绘制导航条，并使用"渐变叠加"样式对其进行修饰，按照如图4-58所示的参数进行设置，接着绘制出导航上的线条，得到相应的图层，如图4-59所示，在图像窗口中可看到如图4-60所示的效果。

图4-58　　　　　　　　图4-59

图4-60

步骤08 绘制出导航上所需的不同状态的按钮，使用"渐变叠加"对其中的一个矩形进行修饰，如图4-61和图4-62所示。在图像窗口中可以看到如图4-63所示的编辑效果。

步骤09 为导航添加上所需的文字，按照如图4-64所示的设置进行编辑，并对文字添加"投影"样式，见图4-65。可以看到如图4-66所示的编辑效果，得到的图层如图4-67所示。

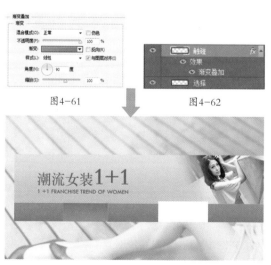

图4-61　　　　　　　　图4-62

图4-63

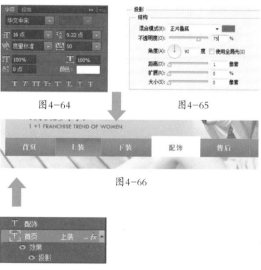

图4-64　　　　　　　　图4-65

图4-66

图4-67

4.4 综合实训

萌系女包网店店招

素材　素材\04\综合实训\01、02.jpg
源文件　源文件\04综合实训\萌系女包网店店招.psd

[设计理念]

以女式箱包店铺为例，要求为其设计店招和导航，由于店铺的受众为十多岁的年轻女孩，销售的商品也较为可爱，因此选择使用色彩偏淡的粉色系进行搭配，并同时添加卡通兔的形象作为修饰元素点缀画面，以此来营造出一种稚嫩、单纯的画面效果，如图4-68所示。

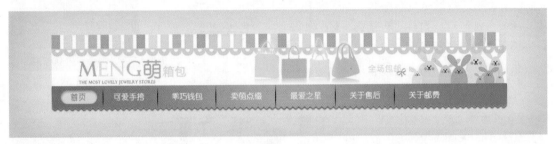

图4-68

[操作步骤]

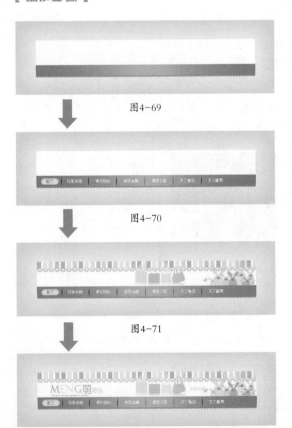

图4-69

图4-70

图4-71

图4-72

在Photoshop中新建一个文档，使用"矩形工具"和"钢笔工具"绘制出店招和导航的背景形状，并使用"渐变叠加"和"投影"样式对其进行修饰（见图4-69）。

使用"圆角矩形工具"绘制出按下状态的按钮形状，并添加"内阴影"样式增强层次，接着为导航添加文字，再结合图层蒙版制作出文字之间的间隔线条（见图4-70）。

为画面添加所需的素材，适当调整素材的大小和位置，通过图层蒙版控制素材的显示范围，使用"渐变叠加"样式改变箱包剪影素材的颜色，同时制作出投影效果（见图4-71）。

使用"横排文字工具"为店招添加上所需的文字，打开"字符"面板调整文字的颜色、字体、字号等属性，并将文字放在画面适当的位置（见图4-72）。

4.5 技能扩展

在对网店的店招和导航进行设计的过程中，不同的网络平台上，其设计的内容都是相似的。在京东上也可以自由地设计店铺的店招和导航，图4-73和图4-74就是京东上店家的店招和导航，可以看到店招中都会标明店铺的名称、品牌、广告语、店铺或品牌LOGO等，这些内容与淘宝网上的设计是相似的。

图4-73

图4-74

淘宝的网店店招宽度为950像素，而京东商城的店铺店招宽度为990像素。通常，店家会使用与网店背景色相同的颜色来修饰店招的颜色，如图4-75和图4-76所示。这样的设计会扩大顾客的阅读视角，让顾客感受更为舒适。

图4-75   图4-76

值得一提的是，在京东上对店招进行装修，可以通过添加模块来进行操作，这样编辑的结果可以对店招和导航的尺寸进行自由的定制，将模块布局编辑完成后，再来根据布局中模块的尺寸来设计对象即可。

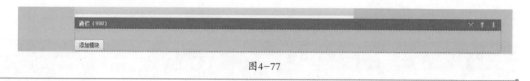

图4-77

4.6 课后习题

以不同款式的服装图片为素材，见图4-78、图4-79、图4-80和图4-81。要求设计一个时尚服饰的网店店招，画面中需要包含网店名称、收藏提示和导航，色彩搭配以灰度和黑色为主，画面时尚简约，突显档次和品质，有一定的设计感，具体效果如图4-82所示。

素材	素材\04\课后习题\01、02、03、04.jpg
源文件	源文件\04\课后习题\时尚服饰网店店招.psd

图4-78

图4-79

图4-80

图4-81

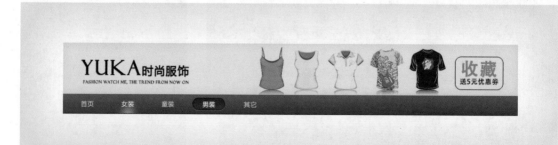

图4-82

第 5 章 首页欢迎模块的设计 >>>>>

[情景导入]

　　小王在淘宝上开了一家网店，主要销售一些饰品和配饰，马上快到七夕情人节了，为了提高店铺在七八月份的销售业绩，特别策划了一个针对年轻情侣的七夕节折扣及套餐活动。想要使这些信息快速且有效地传递出去，就需要为店铺设计一个以活动为主的欢迎模块，对其进行推广。

[技能要求]

- 欢迎模块中包含大量的主题文字编辑，需要熟练掌握"钢笔工具""文字工具"和众多的形状绘制工具的使用。
- 学会根据客户的要求，或者店铺信息推广的内容来确认欢迎模块的风格、布局、配色、文字和图片，按照规划的设计构思制作案例。

[效果展示]

七夕节主题的欢迎模块设计

童装上新欢迎模块设计

实体店铺中，商家会通过为店铺张贴活动海报来告知顾客店铺的相关最新动态，这些活动海报中通常会展示出新品上架、折扣信息等内容，而网店由于平台的限制，不能通过张贴海报的方式来实现信息的传递，而是利用欢迎模块的设计来代替活动海报的功能，接下来本小节将对网店装修中的首页欢迎模块进行讲解。

5.1.1 欢迎模块的概述

网店的欢迎模块主要用于告知顾客店铺某个时间段的广告商品或者促销活动，位于网店导航条的下方位置，见图5-1。它的主要作用就是告知顾客店铺在这个特定时间段的一些动态，帮助顾客快速掌握店铺的活动或者商品信息。

淘宝网店中的欢迎模块

图5-1

在设计网店欢迎模块的过程中，一般情况下高度最高不可超过600像素，而宽度则应该大于或者等于750像素，但是如果为不同的网商平台设计欢迎模块，如淘宝、京东等，或者使用不同的网店装饰版本，其尺寸的要求也是有差异的。例如，淘宝店铺就包含了专业版、标准版、天猫版等，这些版本在装修中的布局和要求都有一定的差别。

网店欢迎模块根据设计的内容可以分为新品上架、店铺动态、活动预告等，不同的内容其设计的重点也是不同的。例如以新品上架为主要内容的欢迎模块，其制作的过程中应当主要以最新商品的形象为表现对象，配色上可以参照商品的颜色进行同类色搭配，也可以以店铺的店招颜色为基础色来进行协调色搭配。

除了从图片内容及颜色上考虑外，欢迎模块中的文字表现也是相当重要的一个方面，通常情况下会使用字号较大的文字来突出主要信息，同时搭配上字号较小的文字来进行补充说明，并利用文字之间的组合编排来表现出艺术感，图5-2、图5-3分别为以活动内容为主的欢迎模块和以新品展示为主的欢迎模块。

图5-2

图5-3

5.1.2　赏析首页欢迎模块

欢迎模块犹如店家的外在形象一样，在设计中用来搭配的图片不能太复杂，这样才能突出主题，同时尽量采用笔画粗壮的文字，以避免产生凌乱的感觉。图5-4至图5-7分别为新品上架和年末大促欢迎模块的案例及配色，下面我们就这两个案例做简要分析。

图5-4

协调的色彩搭配，将文字放在画面的中央位置，突出其内容信息，把饰品和模特放在界面两侧，营造出精致、时尚的氛围，重点表现出商品的形象。

设计配色

图5-5

对文字进行艺术化的编排，使用渐变色填充及立体效果来增强文字的层次感，而背景中的图片则以辅助修饰的方式呈现，使得主题文字更加突出。

设计配色

图5-6

图5-7

七夕节是中国传统节日之一，本案例中所设计的首页欢迎模块就是为七夕情人节制定的，如图5-8所示。画面中使用两只纸鹤相依的形态表现出情侣之间的脉脉情意，通过粗厚的艺术化文字来突出活动的口号，搭配上浪漫的紫红色，由此来传递出节日中浓浓的甜蜜之感。

源文件 源文件\05\七夕节主题的欢迎模块设计.psd

图5-8

[设计理念]

- 在色彩搭配上，案例使用了不同明度和纯度的紫红色，营造出一种甜美的感觉；
- 主题文字中添加上心形的元素，与七夕节的节日氛围相互呼应；
- 使用纸鹤元素来代表七夕节传说中的喜鹊形象，用两只纸鹤相互依偎的形态来映射出情侣之间的浓情蜜意，由此准确地表达出活动主题；
- 使用外形较小的文字来说明活动的内容和日期，深化活动的主题。

[工具使用]

- 制作背景的过程中使用"颜色填充"来进行编辑，通过图层蒙版来控制颜色的范围；
- 利用"画笔预设"面板中的"水彩大溅滴"预设笔触来完成光斑的绘制；
- 使用"钢笔工具"绘制出主题文字的外形和云朵形状；
- 添加"内阴影"样式修饰云朵图形，添加"投影"样式增强文字和纸鹤素材的立体感；
- 通过"颜色填充"和"图层混合模式"的搭配使用来调整整个画面的色彩。

提示 　　欢迎模块在制作的过程中，可以根据网店背景的内容及设计的需要来调整欢迎模块的宽度，有的时候为了展示出宽阔的视野，也可能会将欢迎模块的宽度设置到网站要求的最大宽度，传递出更多的商品信息或活动内容。

步骤01 在Photoshop中新建一个文档，执行"图层＞新建填充图层＞纯色"菜单命令，如图5-9所示；打开"拾色器（纯色）"对话框设置填充色为R159、G83、B130，如图5-10所示；完成设置后单击"确定"按钮，在图像窗口中可以看到编辑的效果，如图5-11所示。

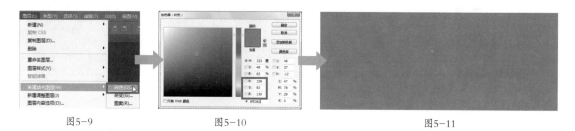

图5-9　　　　　　　　　　图5-10　　　　　　　　　　图5-11

步骤02 再次创建一个颜色填充图层，设置填充色为R36、G22、B71，将创建的颜色填充图层的蒙版填充为黑色，使用白色的画笔对蒙版进行编辑，如图5-12和图5-13所示；制作出自然晕开的效果，如图5-14所示。

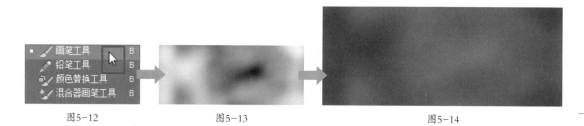

图5-12　　　　　　　　　　图5-13　　　　　　　　　　图5-14

步骤03 参考步骤02，第三次创建颜色填充图层，设置填充色为R221、G105、B166，如图5-15所示；将蒙版填充为黑色，使用白色的画笔对蒙版进行编辑，如图5-16和图5-17所示。

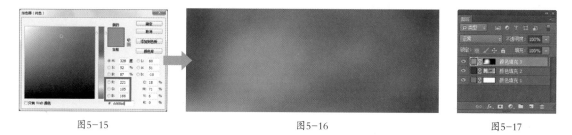

图5-15　　　　　　　　　　图5-16　　　　　　　　　　图5-17

步骤04 打开"画笔预设"面板选择"水彩大溅滴"预设笔触，如图5-18所示；设置前景色为白色，在"图层"面板中新建图层，得到"图层1"，用"画笔工具"在图像窗口中进行绘制，如图5-19所示；设置"不透明度"选项为90%，混合模式为"柔光"，如图5-20所示。

图5-18　　　　　　　　　　图5-19　　　　　　　　　　图5-20

步骤05 选择工具箱中的"钢笔工具"，如图5-21所示；在其选项栏中选择"形状"模式，在图像窗口中绘制出以白色为填充色的主题文字，如图5-22和图5-23所示。

图5-21   图5-22   图5-23

步骤06 选择"横排文字工具"在图像窗口中适当的位置上单击，输入"08.05-08.13"，打开"字符"面板对文字的属性进行设置，如图5-24所示；最后对文字的角度进行调整，如图5-25所示。

图5-24   图5-25

步骤07 创建图层组，命名为"主题文字"，将前面编辑完成的文字都拖曳到该图层组中，双击图层组打开"图层样式"对话框，勾选"投影"复选框，在相应的选项卡中对各个参数进行设置，如图5-26所示；为图层组中的对象添加投影效果，如图5-27和图5-28所示。

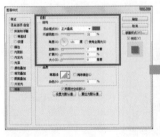
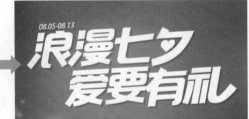

图5-26   图5-27   图5-28

步骤08 选择工具箱中的"钢笔工具"，如图5-29所示，在该工具的选项栏中选择"形状"模式进行操作，绘制出所需的丝带形状，分别为绘制的形状设置适当的颜色，在图像窗口可以看到编辑的效果，如图5-30和图5-31所示。

图5-29   图5-30   图5-31

步骤09 选择"横排文字工具"输入所需的文字,并打开"字符"面板对每个文字图层中的文字属性进行设置,见图5-32、图5-33、图5-34。最后适当地调整文字的角度,如图5-35所示。

图5-32　　　　　　　图5-33　　　　　　　图5-34　　　　　　　图5-35

步骤10 选择"钢笔工具",绘制黄色的右箭头形状,如图5-36所示;接着在"图层"面板中创建图层组,命名为"丝带文字",将复合条件的图层都拖曳到其中,如图5-37所示。

图5-36　　　　　　　　　　　图5-37

步骤11 绘制出云朵的形状,填充上适当的颜色,放在图像窗口适当的位置,接着为绘制的云朵添加上适当的"内阴影"图层样式,如图5-38所示;使其呈现出一定的层次感,如图5-39所示。

图5-38　　　　　　　　　　　图5-39

步骤12 为画面添加纸鹤素材,适当调整其大小、位置和角度,接着在"图层样式"对话框中为其分别添加"投影"样式,如图5-40所示;使其表现出立体的感觉,如图5-41所示。

图5-40　　　　　　　　　　　图5-41

步骤13 按住Ctrl键的同时单击纸鹤图层的缩览图，将较大的纸鹤添加到选区中，为创建的选区创建色彩平衡调整图层，在"属性"面板中设置"阴影""中间调"和"高光"选项下的色阶值，如图5-42、图5-43和图5-44所示。更改纸鹤的颜色，在图像窗口可看到编辑的效果，如图5-45所示。

图5-42   图5-43   图5-44   图5-45

步骤14 将较小的纸鹤添加到选区中，为创建的选区创建色彩平衡调整图层，在"属性"面板中设置"阴影""中间调"和"高光"选项下的色阶值，如图5-46、图5-47和图5-48所示。更改纸鹤的颜色为红色，在图像窗口可以看到编辑的效果，如图5-49所示。

图5-46   图5-47   图5-48   图5-49

步骤15 执行"图层＞创建填充图层＞纯色"菜单命令，打开"拾色器（纯色）"对话框，设置填充色为R254、G249、B219，见图5-50。完成设置后单击"确定"按钮，接着在"图层"面板中设置该填充图层的混合模式为"线性加深"，由此来更改画面的颜色，如图5-51所示。在图像窗口中可以看到本例最终的编辑效果，如图5-52所示。

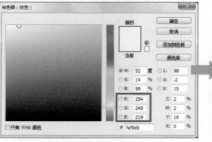

图5-50   图5-51

图5-52

5.3 童装上新欢迎模块设计

孩子的世界是天马行空、丰富多彩的。童装网店中的欢迎模块设计，最好在颜色上符合孩子年龄的特点，采用五彩缤纷的颜色为主，营造轻松愉悦的氛围。除了要将店铺所销售的童装风格进行展示外，还要利用欢迎模块营造出童趣悠然的效果，由此来打动小孩子和家长的心。本案例就是为某品牌的童装所设计的欢迎模块，画面中使用了照片绳作为主要的设计元素来表现新上架的服饰，具体如图5-53所示。

素材	素材\05\ 01、02、03、04、05.jpg
源文件	源文件\05\童装上新欢迎模块设计.psd

图5-53

[设计理念]

- 色彩搭配上，案例中颜色对比强烈，增强视觉的冲击力。画面主色调采用鲜艳的蓝色和红色进行对比，营造出明亮轻快的视觉效果，这样的颜色设计，可以使人产生非常温馨的感觉；
- 设计元素使用了可爱清新的照片绳为主体，通过错落有致的摆放来增强图片之间的层次感，能够抓住浏览者的视线，使其产生一定的好奇心理，延长其浏览的时间；
- 画面中使用了绿色的蔓藤植物进行修饰，嫩绿的色彩为画面增添了一份清新自然的感觉，更贴近儿童纯真、纯净的心灵；
- 使用多种不同的字体进行组合，提高画面设计感。

[工具使用]

- 使用"颜色填充"与图层混合模式的设置来对背景天空的颜色进行调整；
- 利用形状工具绘制出主题文字区域所需的形状，并使用"投影"样式进行修饰；
- 使用"钢笔工具"绘制照片绳的外形，应用"斜面和浮雕"和"投影"样式；
- 通过"曲线"和"色彩平衡"调整图层来修改蔓藤树叶的亮度和色彩。

步骤01 在Photoshop中新建一个文档，将素材\05\01.jpg添加到页面中，并适当调整照片的大小，让图像窗口只显示出天空部分，如图5-54和图5-55所示。

图5-54   图5-55

步骤02 创建色彩平衡调整图层，在打开的"属性"面板中设置"中间调"选项下的色阶值分别为-65、+12、-18，如图5-56所示。调整画面整体的颜色，如图5-57所示。

图5-56   图5-57

步骤03 执行"图层>新建填充图层>纯色"菜单命令，在打开的"拾色器（纯色）"对话框中设置填充色为R197、G246、B238，见图5-58。使用"渐变工具"对该填充图层的蒙版进行编辑，在图像窗口可以看到编辑的效果，如图5-59和图5-60所示。

图5-58   图5-59   图5-60

步骤04 再次创建一个填充图层，在打开的"拾色器（纯色）"对话框中设置填充色为R255、G240、B246，见图5-61。接着在"图层"面板中设置该图层的混合模式为"柔光"，如图5-62所示；在图像窗口中可以看到如图5-63所示的效果。

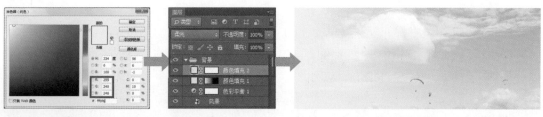

图5-61   图5-62   图5-63

步骤05 选择工具箱中的"矩形工具"，在图像窗口中绘制一个矩形，设置适当的颜色进行填充，接着为该图层添加"投影"样式，进行如图5-64所示的设置，在图像窗口中可以看到编辑后的效果，如图5-65和图5-66所示。

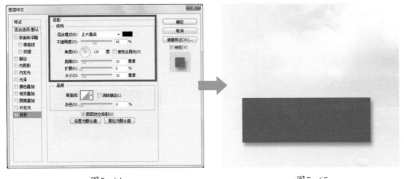

图5-64 图5-65 图5-66

步骤06 使用"矩形工具"和"椭圆工具"在图像窗口中绘制出其他的形状，如图5-67所示。分别为绘制的形状设置适当的填充色，在"图层"面板中可以看到如图5-68所示的图层显示效果。

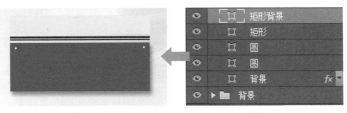

图5-67 图5-68

步骤07 选择工具箱中的"横排文字工具"，在图像窗口中适当的位置单击并输入所需的文字，完善画面的内容，如图5-69所示。接着在"图层"面板中创建图层组，命名为"文字"，将用于编辑和修饰主题文字的图层全部拖曳到其中，如图5-70所示。

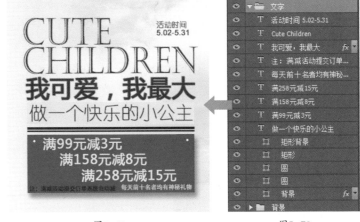

图5-69 图5-70

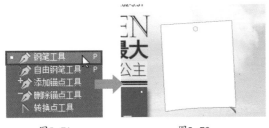

图5-71 图5-72

步骤08 选择工具箱中的"钢笔工具"，如图5-71所示。利用现状之间的加减完成照片背景现状的绘制，如图5-72所示。为绘制的形状设置填充色为白色，无描边色，并将其放在图像窗口上适当的位置。

步骤09 使用"钢笔工具"绘制出绳索的形状，填充上灰色，无描边色，接着为该形状添加"斜面和浮雕"样式，如图5-73所示，可以看到如图5-74所示的效果，得到的图层如图5-75所示。

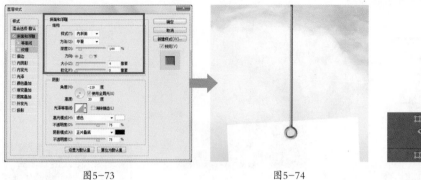

图5-73   图5-74   图5-75

步骤10 创建图层组，命名为"挂照"，将编辑的图层拖曳到其中，如图5-76所示。并为该图层组添加"投影"样式，如图5-77所示。在图像窗口中可以产生如图5-78所示的立体效果。

图5-76   图5-77   图5-78

步骤11 选择工具箱中的"横排文字工具"，在图像窗口中适当的位置单击并输入所需的文字。打开"字符"面板对文字的属性进行调整，如图5-79和图5-80所示，最后创建图层组，对图层进行管理，如图5-81所示，在图像窗口中可以看到如图5-82所示的编辑效果。

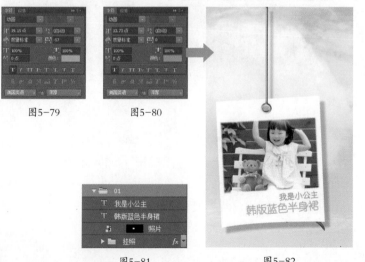

图5-79   图5-80   图5-81   图5-82

提示 图层的组合就是将若干个图层捆绑到一个文件夹中，顾名思义即为"图层组"，在进行网店装修中，制作某些比较复杂的图像时，图层的个数会很多，此时就可以通过图层组功能来对图层进行管理，轻松地对图层中的图像进行编辑。

步骤12 参考前面绘制悬挂照片的编辑方法，制作出其余的悬挂照片效果，如图5-83所示。在"图层"面板中可以看到编辑的图层组效果，如图5-84所示。

图5-83   图5-84

步骤13 为画面添加蔓藤的树叶，这里可以根据需要选择素材，不仅可以使用位图，也可通过绘制矢量的树叶来进行编辑，如图5-85所示。最后用"投影"样式修饰部分素材，如图5-86所示。

图5-85   图5-86

步骤14 创建曲线调整图层，在打开的"属性"面板中设置曲线的形状，如图5-87所示。接着将曲线调整图层的蒙版填充上黑色，使用白色的"画笔工具"对蒙版进行编辑，只对部分的树叶应用效果，使其更加明亮，如图5-88所示。

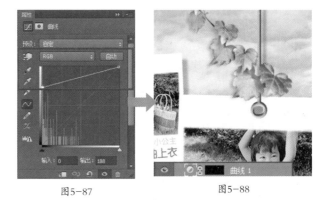

图5-87   图5-88

步骤15 将叶子素材都添加到选区中，为创建的选区创建色彩平衡调整图层，设置"中间调"选项下的色阶值分别为-55、+33、-76，如图5-89所示。可以看到如图5-90所示的编辑效果。

图5-89   图5-90

5.4 综合实训

女式箱包双12促销设计

[设计理念]

以女式箱包店铺为例（见图5-91），要求为其设计双12的欢迎模块，画面中包含大致的活动内容，色彩喜庆，画面内容丰富饱满，烘托出强烈的活动气氛。

素材	素材\05\综合实训\01、02、03.jpg
源文件	源文件\05\综合实训\女式箱包双12促销设计.psd

图5-91

[操作步骤]

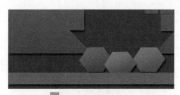

图5-92

在Photoshop中新建一个文档，使用"颜色填充""渐变填充"等图层制作出促销板块中的背景，根据计划中的配色进行颜色设定（见图5-92）。

图5-93

对需要使用的宝贝照片进行抠图处理，并在Photoshop中创建另外一个文件，通过调整图层顺序和照片大小对抠取的宝贝图片进行组合，最后将拼合后的宝贝照片放在背景中的合适位置（见图5-93）。

图5-94

制作主题文字和时间线，并为添加的主题文字和形状应用上投影、描边和渐变叠加样式，并结合"横排文字工具"输入时间显示（见图5-94）。

图5-95

使用"横排文字工具"为画面中添加所需的文字信息，在"字符"面板中调整文字的字号、字体和颜色，利用"图层>对齐/分布"菜单中的命令让文字整齐排列起来（见图5-95）。

5.5 技能扩展

淘宝网中店铺首页的欢迎模块，在京东网店中相当于JSHOP店铺中的"轮播图"，在京东网的店铺后台中完成网店布局的设置后，就可以通过设置轮播图的操作来完成网店中首页主要区域的装饰。"轮播图"模块可以添加多种图像，使其轮流播放，如图5-96和图5-97所示。店家在网店的装修中不仅可以对轮播图的图像内容进行控制，还能调整其皮肤的颜色，它其实与淘宝中的欢迎模块的编辑和设计要点大致相似。

图5-96   图5-97

图片轮播功能是淘宝网标准版店铺才有的功能，但是如果能够找到可以图片轮播的代码，将代码复制粘贴在自定义内容区，一样可以达到图片轮流播放的效果。值得注意的是：淘宝上制作轮播图时，图片宽度最好固定为750像素，高度虽然没有太严格的限制，但一般情况下最好不要超过宽度，并且图片高度要一样高，图5-98和图5-99为淘宝店铺的轮播图。

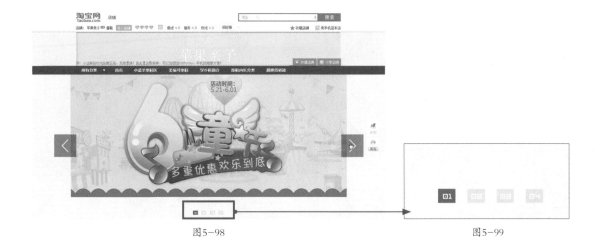

图5-98   图5-99

无论是针对京东上的店铺，还是针对淘宝上的店铺，设计欢迎模块时要明确目的，文案梳理要清晰，要知道表达的中心主题是什么，衬托文字是哪些。充分的视觉冲击力可以通过图像和色彩来实现，表达的内容精练，抓住主要诉求点，内容不可过多，一般以图片为主、文案为辅，主题文字尽量占整个文字布局画面最大化。通过调整文字的疏密、粗细、大小等因素来寻求视觉上的平衡，这样设计出来的整个效果就比较合理。

5.6 课后习题

以女式服装为素材，如图5-100和图5-101所示。要求设计一个用于双12时期使用的活动模块，应用于淘宝的天猫平台，画面色彩协调，但设计元素的颜色不能超过四种，画面主次分明，活动的主题文字突出，有较强的吸引力和视觉冲击力，如图5-102所示。

图5-100

图5-101

素　材　素材\05\课后习题\01、02.jpg
源文件　源文件\05\课后习题\品牌女装双12活动模块设计.psd

图5-102

第6章

店铺收藏及客服区的设计 >>>>>

[情境导入]

　　小丽自己在家经营了一个服装网店，一年中，店铺的咨询量和收藏量一直不高，为了提高店铺的收藏量和客服区的醒目度，小丽需要对网店首页的店铺收藏区和客服区进行重新设计，以此来增加店铺的访问量，此时，店铺收藏及客服区的设计和创作就显得非常重要了。

[技能要求]

- 客服区和店铺收藏中都会包含必要的文字，在"字符"面板中调整设置来改变文字的外观，使其更加独特。使用形状工具来制作画面中的修饰形状，通过图层样式进行美化。
- 根据店铺的风格，或者设计画面的尺寸来对店铺收藏和客服区进行合理的布局，接着使用风格和色彩一致的修饰元素进行点缀。

[效果展示]

古典风格收藏区设计

冷酷风格客服区设计

店铺收藏的数量多少是衡量一个店铺热度高低的标准，同样，客服在帮助顾客解决困难的窗口也是提高网店销售量的重要因素。那么，在网店装修设计中，需要怎样对店铺收藏和客服区进行设计，才能获得顾客的青睐呢？接下来就让我们一起来对店铺收藏和客服区的设计进行探讨吧。

6.1.1 店铺收藏及客服区的概述

店铺收藏就是顾客将感兴趣的店铺添加到收藏夹中，以便在再次访问时可以轻松地找到相应的商品。在同类店铺中，收藏数量较高的店铺，往往曝光量也要比其他同行高。店铺收藏的设计较为灵活，它可以直接设计在网店的店招中，也可以单独显示在首页的某个区域，如图6-1和图6-2所示。

第二部分 设计篇——各个装修区域

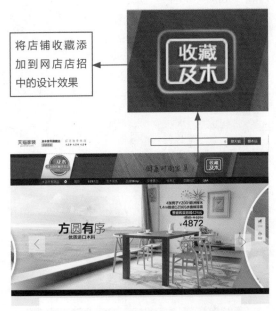

将店铺收藏添加到网店店招中的设计效果

将店铺收藏设计在首页的某个区域

图6-1

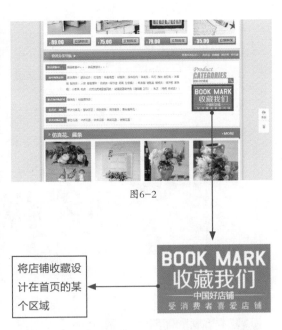

图6-2

店铺收藏通常由简单的文字和广告语组成，一般情况下，设计的内容较为单一，而有的商家为了吸引顾客的注意，也会将一些宝贝图片、素材图片等添加到其中，达到推销商品和提高收藏量的双重目的。

通常情况下，店铺收藏的设计会通过使用JPEG这种静态的图片来实现。除此之外，还可以使用GIF格式的图片，即使用帧动画制作的动态图片，这种闪烁的图片效果更容易引起顾客的注意，提高网店的收藏数量。

当用户对店铺内的某些信息，例如活动内容、商品折扣等不清楚或有疑问时，就需要咨询网店的客服，此时，客服区的作用就显得非常重要了。网店中的客服与实体店中的售货员具有相同的作用，但是在网店中如何快速的寻找到客服并进行询问，是客服区位置摆放和设计的关键。

默认情况下，网店的客服与商品分类相邻，如图6-3所示，而随着网店装修的不断提升，越来越多的商家将客服放在了网店首页的中间或者底部位置，如图6-4所示。因为当顾客对网店首页浏览到一定程度时，客服区的及时显示会增加顾客询问的概率，从而提高网店的销售量。

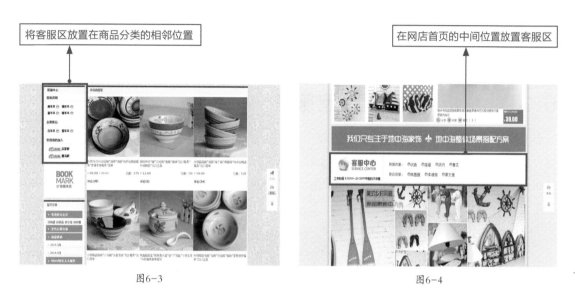

将客服区放置在商品分类的相邻位置

在网店首页的中间位置放置客服区

图6-3

图6-4

在客服区的设计中，有的商家会直接使用网店的聊天图标作为客服头像的图片，直观地表现其作用，而有的商家为了让客服区的设计与整个店铺的风格一致，会使用一些卡通的头像，或者真实的人物头像来对客服的形象进行美化，提高顾客对客服交流的兴趣，图6-5和图6-6分别为使用聊天图标和卡通头像作为客服图片的设计效果。

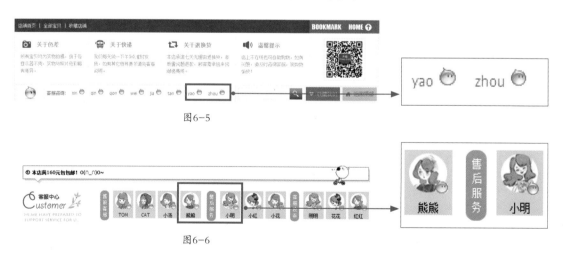

图6-5

图6-6

在对网店的店铺收藏和客服区进行设计的时候，大多数会将这两个部分结合起来，因为店铺收藏和客服都会对网店的日后成交量产生较大的影响，这样的设计会向顾客展示出网店的完善售前售后服务，增强顾客对店铺的信心和认可度，如图6-7和图6-8所示。

图6-7

图6-8

6.1.2　赏析店铺收藏及客服区

店铺收藏的设计要清爽简单，能够吸引顾客的注意即可，而客服区的设计中有一点很重要，就是清晰地罗列出客服的图标，让顾客可以快速地点击并进行咨询，图6-9至图6-12为店铺收藏区和客服区的设计效果及相关的配色，来一起欣赏和学习一下吧。

图6-9

斜面对称的造型赋予画面一定的动感，通过蓝色和绿色的协调搭配，给人以和谐的感觉，延长观赏者的浏览时间，增强兴趣以提高收藏数量。

设计配色

图6-10

图6-11

使用多彩的渐变色对标题文字进行美化，同时利用阴影增强立体感，并通过暖色调修饰画面背景，营造出热情、欢快的氛围。

设计配色

图6-12

6.2 古典风格收藏区设计

本案例是为服装店铺设计收藏区，从图6-13中可以看到，画面主要使用了棕色、暗红色和米色，营造出一种古典怀旧的氛围，通过简短的文字说明和标志性的图片来丰富画面，显得设计感十足。

素 材	素材\06\ 01.jpg
源文件	源文件\06\古典风格收藏区设计.psd

图6-13

[设计理念]

- 色彩搭配上使用了较为复古的米色和棕色，采用暗红色对重要元素进行突出表现；
- 使用米字格对"收藏"两个字进行修饰，使画面产生一定的历史感，增强顾客对店铺的信任感；
- 将暗红色的服装剪影放在画面的左侧，能够直观地显示出店铺的商品信息。

[工具使用]

- 使用"图案叠加""颜色叠加"和"描边"样式修饰设计元素；
- 利用"横排文字工具"添加文字，并通过"字符"面板设置文字的属性；
- 通过"魔棒工具"创建选区，为选区创建颜色填充图层，由此改变图片的色彩。

[操作步骤]

步骤01 在Photoshop中新建一个文档，双击"背景"图层对其进行解锁，接着为该图层添加上"颜色叠加"和"图案叠加"样式，如图6-14和图6-15所示。完成设置后，在图像窗口中可以看到如图6-16所示的编辑效果。

图6-14

图6-15

图6-16

步骤02 选择工具箱中的"矩形工具",绘制出所需的线条,对绘制的线条进行复制,如图6-17所示,调整每个线条的角度,使其组合成米字格的效果,如图6-18所示。

步骤03 选择工具箱中的"横排文字工具",在图像窗口中单击并输入"收藏"两个字,打开"字符"面板中设置文字的属性,如图6-19所示,在图像窗口中可以看到如图6-20所示的编辑效果。

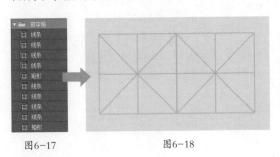

图6-17　　　　　　图6-18

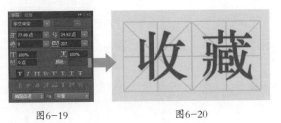

图6-19　　　　　　图6-20

步骤04 继续使用"横排文字工具"输入所需的文字,在"字符"面板中设置文字的属性,如图6-21和图6-22所示;在图像窗口中可以看到如图6-23所示的编辑效果;"图层"面板中可以看到如图6-24所示的显示。

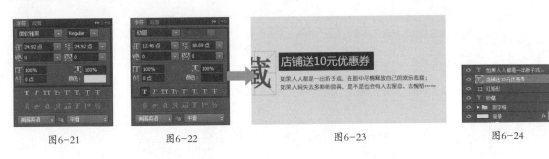

图6-21　　　　图6-22　　　　　　图6-23　　　　　　　图6-24

步骤05 使用"圆角矩形工具"绘制形状,使用"描边"样式和"填充"选项进行编辑,如图6-25和图6-26所示。接着添加所需的文字,进行如图6-27所示的设置,在图像窗口中可以看到如图6-28所示的效果。

步骤06 将素材\06\01.jpg添加到文件中,使用"变暗"混合模式对其进行编辑,如图6-29和图6-30所示。用"魔棒工具"将黑色添加到选区,创建颜色填充图层,如图6-31和图6-32所示。

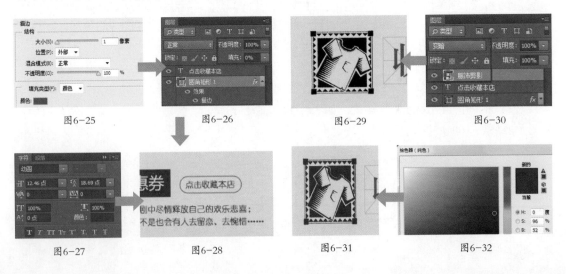

图6-25　　　　　　图6-26　　　　　　图6-29　　　　　　图6-30

图6-27　　　　　　图6-28　　　　　　图6-31　　　　　　图6-32

6.3 冷酷风格客服区设计

本案例是为某服饰设计客服区，根据店铺名称"潮衣"将店铺风格定义为时尚、潮流的风格。使用了色调较暗的黑色和暗蓝色作为主色调进行创作，从图6-33中可以看到，画面通过渐变色、投影和箭头元素的应用，营造出强烈的品质感。

素材	素材\06\ 02、03.psd
源文件	源文件\06\冷酷风格客服区设计.psd

图6-33

[设计理念]

- 使用色调较暗的黑色和暗蓝色营造一种品质感，利用白色来填充文字使其更加突显；
- 旺旺头像下方的投影使图像立体感增强，整个画面更加生动、直观；
- 画面文字通过字体、粗细和大小的变化来进行表现，增添设计感和精致感。

[工具使用]

- 使用"渐变填充"和"画笔工具"来制作背景中的层次；
- 使用"创建剪贴蒙版"命令来对图形的显示进行控制；
- 使用"画笔工具"对箭头形状的图层蒙版进行编辑，制作出渐隐的效果。

[操作步骤]

步骤01 在Photoshop中新建一个文档，为"背景"图层填充适当比例的灰度，接着绘制所需的矩形，使用"渐变叠加"样式进行修饰，进行如图6-34所示的设置，得到图6-35所示的制作效果，在"图层"面板中可以看到图层的显示，如图6-36所示。

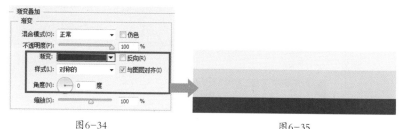

图6-34　　　　　　　　　　图6-35　　　　　　　　图6-36

步骤02 使用"钢笔工具"绘制所需的形状，执行"图层>创建剪贴蒙版"菜单命令，如图6-37所示。对图层的显示进行控制，如图6-38所示。接着新建图层，使用"画笔工具"在其中进行涂抹，绘制出弧形内部的层次，再次使用"创建剪贴蒙版"命令控制其显示，如图6-39和图6-40所示。

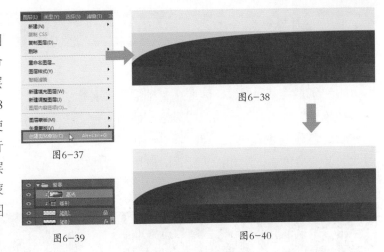

图6-37

图6-38

图6-39

图6-40

步骤03 打开素材\06\02.psd文件，如图6-41所示。将其拖曳到当前文件中，按Ctrl+T快捷键，通过自由变换框对旺旺头像的大小和位置进行调整，得到如图6-42所示的编辑效果。

步骤04 使用"钢笔工具"在图像窗口的适当位置绘制出所需的箭头，分别对其填充适当的颜色。为图层添加上蒙版，如图6-43所示。使用"画笔工具"对蒙版进行编辑，得到如图6-44和图6-45所示的效果。

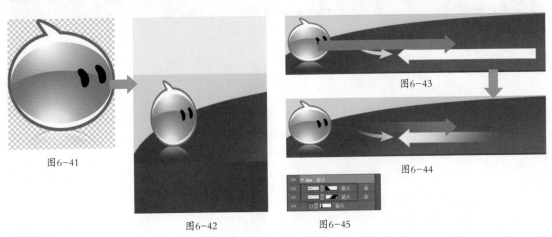

图6-41

图6-42

图6-43

图6-44

图6-45

步骤05 使用"矩形工具"绘制所需的矩形，放在画面的上方，并为其填充适当的颜色，接着使用"投影"样式对其进行修饰，进行如图6-46所示的设置，在图像窗口中可以看到如图6-47所示的编辑效果，在"图层"面板中可以看到如图6-48所示的图层编辑效果。

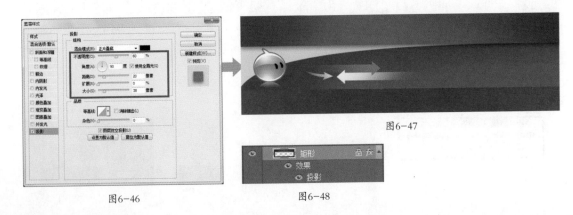

图6-46

图6-47

图6-48

步骤06 使用工具箱中的"横排文字工具"，在图像窗口的适当位置单击并输入所需的文字，并使用"钢笔工具"和"椭圆工具"绘制箭头形状，得到如图6-49和图6-50所示的编辑效果。

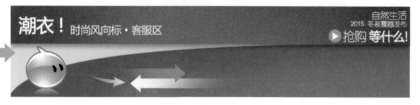

图6-49   图6-50

步骤07 使用"横排文字工具"在画面的下方单击，输入所需的文字，打开"字符"面板分别对文字的属性进行设置，如图6-51和图6-52所示。在图像窗口中可以看到如图6-53所示的编辑效果。

步骤08 打开素材\06\03.psd文件，如图6-54所示。将其拖曳到当前文件中，适当调整素材的大小，并对素材进行复制，如图6-55所示。调整旺旺头像的位置，得到如图6-56所示的编辑效果。

图6-51   图6-52

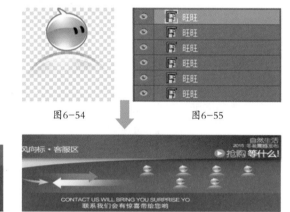

图6-54   图6-55

CONTACT US WILL BRING YOU SURPRISE YO
联系我们会有惊喜带给您哟

图6-53

图6-58

步骤09 选择工具箱中的"横排文字工具"，在适当的位置单击并输入客服的名称，打开"字符"面板设置文字的字体、字号和颜色，如图6-57和图6-58所示。在图像窗口可以看到如图6-59所示的效果，最终完成本例的制作。

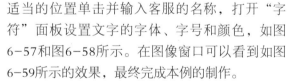

图6-57   图6-59

客服区与收藏区结合的设计

[设计理念]

使用"矩形工具"对画面进行布局，将网店的客服区和店铺收藏区中的内容结合起来，设计一个服务性质的专属模块，要求色彩简约，布局合理。

素 材	素材\06\综合实训\01、03.jpg，02.psd
源文件	源文件\06\综合实训\客服区与收藏区结合的设计.psd

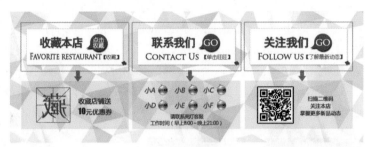

图6-60

[操作步骤]

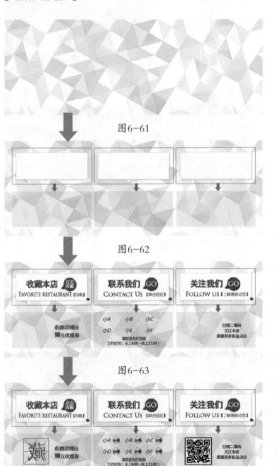

图6-61

图6-62

图6-63

图6-64

在Photoshop中新建文档，使用素材制作出画面的背景，并通过创建和编辑"色阶"调整图层背景的影调，如图6-61所示。

使用"矩形工具"和"钢笔工具"绘制出画面所需的形状，并利用"图层不透明度""描边"和"投影"样式对绘制的形状进行修饰，如图6-62所示。

使用"横排文字工具"为画面添加上所需的文字，通过"字符"面板设置文字的属性，接着利用"自动形状工具"绘制出聊天气泡，如图6-63所示。

为画面添加旺旺头像和二维码两种素材，适当调整素材的大小和位置，最后绘制出如图6-64所示的具有翻转效果的"藏"字，细微调整各个部分，完成案例的制作。

在淘宝平台上可以自由地对网店的收藏区和客服区进行设计，而京东商城则不同。它将网店的客服区固定在了每个店招的右上方，以统一的色彩和外观进行展示（见图6-65、图6-66和图6-67）。虽然两个网店具有不同的销售商品和设计风格，但是其客服的位置都是相同的，这样做的好处在于可以对客服进行统一的管理，使顾客形成惯性的思维，而缺点在于缺乏创新感，容易使人产生呆板、单调的感觉。

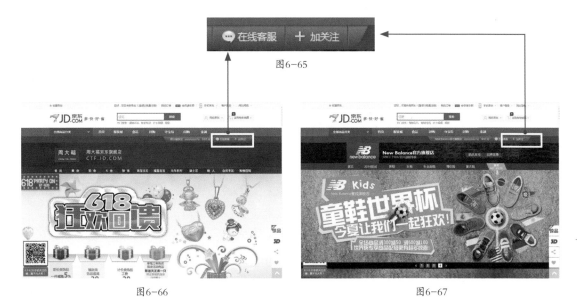

图6-65

图6-66　　　　　　　　　　　　　　　　　　　图6-67

除了客服区的差别外，店铺的收藏区也是不同的。京东商城是通过添加"关注"对店铺进行收藏。关注店铺和咨询客服的功能都在相同的区域，它们都是京东网商平台统一设计和规定的。

在京东上如果要对客服区进行设计，那么可以通过添加悬浮窗的方式来实现（见图6-68和图6-69）。可以看到客服区以悬浮框的方式显示在网店首页的左侧，店家可以通过设计悬浮窗来对客服区的外观和内容进行设计，但是其制作的宽度不能超过270px。值得注意的是：淘宝上不能使用悬浮窗，而且网店两侧只显示"旺旺"和"后院"。

图6-68　　　　　　　　　　　　　图6-69

图6-70

图6-71

通过上述对店铺收藏区和客服区的介绍，我们可以看出，淘宝网店的装修呈现出多样化的效果，而京东网店的装修在某些功能性区域的设计上更加的统一和整齐。两者各有千秋，前者所能表现的效果更为丰富，个性化的创作更强，店家更容易形成自己独立的风格，而后者则更加的规范，便于顾客形成固定的思维和习惯，从而避免花费过多的时间来寻找这些区域。

图6-70和图6-71分别为京东客服软件"京东咚咚"和"淘宝旺旺"的图标。

6.6 课后习题

以黑白色的剪影为素材，如图6-72所示。要求设计一个卡通风格的店铺收藏区，在画面中添加关注、活动和收藏优惠等信息，并利用文字的粗细、大小等外观来体现主次关系，色彩简单，最多不能超过四种，其具体的设计效果如图6-73所示。

| 素 材 | 素材\06\课后习题\01.jpg |
| 源文件 | 源文件\06\课后习题\卡通风格收藏区设计.psd |

图6-72

图6-73

[情境导入]

小刘在网上有一个以小商品为销售品的网店，前段时间刚到了一批新货，并且这些商品都各具特点。为了向顾客展示出商品的各个细节，将商品的特点完整地表现出来，小刘所面临的问题就是需要为这些商品设计和制作出描述页面，利用图片和文字来促成销售，让顾客对商品产生兴趣，从而刺激顾客的购买欲。

[技能要求]

▪ 使用"图层蒙版"将宝贝的局部显示出来，突出商品的细节特点，并利用"钢笔工具""选框工具"等创建选区，同时使用调整图层对商品照片的颜色和影调进行调整。

▪ 根据商品的特点，从不同的角度将商品的局部放大，让顾客了解到更多的商品信息，诱导顾客购买商品，从而提高成交率。

[效果展示]

礼服细节展示设计

女鞋细节展示设计

在网店的销售中，有一种说法，"看似在卖产品，其实是在销售意境"，这句话传递给我们的信息就是，不是告诉顾客某个产品如何使用，而是说明这个产品在什么情况下使用会起到什么样的效果，营造出一种向往，一种意境，由此促使着消费者下单。影响这种意境形成的大部分因素就是宝贝描述页面的设计，接着我们就来对网店中这一方面的制作来进行学习。

7.1.1 宝贝描述页面的概述

是否能让客户下订单，要看宝贝详情页面设计和安排得是否深入人心。实拍是基本的，这样能让客户明白这是商家的直销产品，质量是可以信得过的，在很多时候店家在宝贝描述的开始会对商品的图片进行详细的说明，如图7-1所示。

说明商品照片的来源和色差问题 ◄

图7-1

对于单个宝贝页面的设计，商品信息的编辑与设计尤为重要。再好的产品，如果没有漂亮的文案与精致的设计，无法打动客户的心。商品信息和宝贝图像通过设计师的设计排版，使宝贝的详情页面更加的美观，从而展示出更多的性能信息。我们通常使用的方法是让客户更直观地看到店铺其他优惠打折信息，如"包邮""买一送一""搭配促销"等，如图7-2和图7-3所示。适当地添加附加信息可以让店铺和宝贝的展示更加真实和完整，从而使店铺发生质的飞跃。

图7-2

图7-3

在宝贝描述页面中，为了让客户真实地体验到宝贝的实体效果，我们需要设计"使用感受""尺码标示"和"宝贝细节"等内容。由于对宝贝的不同描述需要在同一个页面中展示，因此在设计中要注意把握好画面的整体风格，必要的情况下，要使用风格一致的标题栏对每组信息进行分类显示，让顾客能够一目了然地浏览到所需要掌握的信息。

图7-4

图7-4为某服装品牌所设计的宝贝描述页面，可以看到画面中包含了大量的关于商品的信息，如"试穿感受""细节展示"和"尺码材质"等，设计者通过使用表格的方式让信息更加的直观，同时在宝贝信息的图像上添加画龙点睛的说明文字突出商品特点。

商品的规格、颜色、尺寸、库存等虽然很容易介绍清楚，但是如果设计不好会显得非常死板。从一件宝贝的描述，可以看出整个店铺的营销水平。对于宝贝的描述，第一部分写什么，第二部分写什么，什么时候添加文字，什么时候插图，都是需要经过详细研究和分析的，图7-5为通常情况下宝贝页面的信息摆放顺序，本章将着重介绍"宝贝详情区"的设计和制作。

图7-5

7.1.2 赏析宝贝描述页面

　　网店中对宝贝的描述页面主要用于展示单个宝贝，它的精致程度和设计感直接影响到顾客对宝贝的认知，图7-6至图7-9分别为服装和箱包的描述页面及相关的配色方案。图中所示的两个页面都呈现出了宝贝的各个细节，但是设计方式却各有千秋。

图7-6

设计配色

图7-7

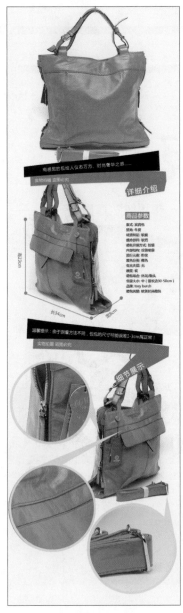

图7-8

设计配色

图7-9

由于女装的色彩清新而淡雅，雪纺居多。为了表现出雪纺轻盈、飘逸的特点，多使用白色为背景色，并搭配同色系的蓝色修饰描述性文字，产生雅致、清丽的视觉效果。

箱包的色彩为红色，并且外形较为硬朗，因此在设计宝贝描述页面中使用了与其色彩反差较大的黑色进行搭配，将箱包的细节进行放大，同时标明箱包的尺寸，直观地展示出宝贝各个方面的特点。

7.2 礼服细节展示设计

本案例是为婚纱礼服商品所设计的宝贝描述页面，画面中的婚纱为高明度的浅色系，因此在设计中以白色作为背景色，通过放大且突出展示的方式表现细节，并用简单的文字进行说明，具体效果如图7-10所示。

素材	素材\07\ 01、02、03.jpg
源文件	源文件\07\礼服细节展示设计.psd

01 腰身设计
SIDE POCKET
品牌主缝，简单设计，潮味十足。钻孔点缀腰身，钮钮闪而高贵

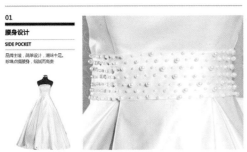

[设计理念]

- 由于礼服的颜色为饱和度较低的肤色，因此文字和修饰图形的颜色选择了明度最低的黑色进行搭配，产生简约、大气的视觉效果；
- 使用错落有致的图像放置方法，让画面版式显得灵活多变，增强了设计感；
- 使用细小的矩形来对每组细节进行分割，使顾客能够更加直观和准确地理解商品信息。

02 折叠裙摆
EMBROIDERED LOGO
精致走线，时尚V领，完美结合，松紧舒适。

03 蝴蝶结
BACK POCKET
可爱蝴蝶结设计，表现少女情不提升报身设计感

[工具使用]

- 使用形状工具绘制出画面中所需的矩形、多边形等图形；
- 利用"色阶""亮度/对比度"和"自然饱和度"对宝贝的图像进行处理；
- 使用"磁性套索工具"将礼服图像抠取出来，并用图层蒙版控制图像的显示范围；
- 选择"横排文字工具"添加画面中所需的文字。

04 局部走线
PANTS LOOPS
轻柔贴合裙摆，做工精致，无任何多余线头。

图7-10

[操作步骤]

步骤01 根据设计所需，在Photoshop中新建一个文档，使用"钢笔工具"和"矩形工具"绘制出标题栏中所需的形状，并为其分别填充上适当的颜色；使用"投影"样式对其进行修饰，如图7-11、图7-12和图7-13所示。

图7-11   图7-12   图7-13

步骤02 选择"横排文字工具"，在适当的位置单击并输入所需的文字，打开"字符"面板进行如图7-14和图7-15所示的设置，在图像窗口中产生如图7-16所示的效果。

步骤03 将所需的素材添加到文件中，并将素材图像添加到选区，使用"色阶"和"自然饱和度"进行修饰，见图7-17和图7-18。在图像窗口产生如图7-19所示的效果。

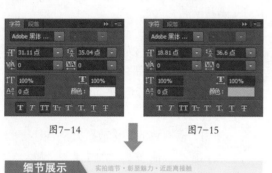

图7-14   图7-15

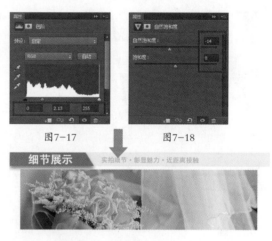

图7-17   图7-18

图7-16

步骤04 使用"矩形工具"在图像窗口中绘制出所需的矩形，并适当降低其不透明度，如图7-20所示。使用"渐变工具"编辑图层蒙版，使其显示出渐隐效果，如图7-21所示。

图7-19

步骤05 选择"横排文字工具"，在图像窗口中输入所需的文字，并进行相应的设置，最后在"图层"面板中创建图层组对图层进行管理，如图7-22所示，显示效果如图7-23所示。

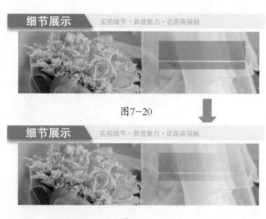

图7-20

图7-21

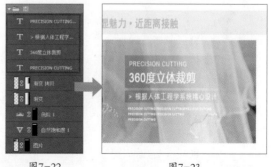

图7-22   图7-23

步骤06 将如图7-24所示的素材添加到文件中，选择"磁性套索工具"，创建选区并抠取图像，用图层蒙版对图像显示进行控制，具体操作和效果如图7-25至图7-27所示。

步骤07 将抠取的图像添加到选区中，为其创建色阶调整图层，进行如图7-28所示的设置，提亮选区中图像的亮度，得到如图7-29所示的图层，可以产生如图7-30所示的效果。

图7-24　　　　　　　　图7-25

图7-26　　　　　　　　图7-27

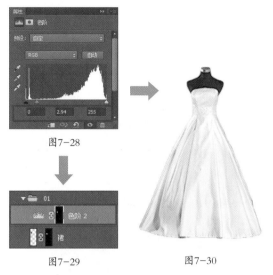

图7-28

图7-29　　　　　　　　图7-30

步骤08 将素材添加到图像窗口中，使用图层蒙版对其显示进行控制，并通过"亮度/对比度"调整图像的亮度，具体如图7-31、图7-32和图7-33所示。

步骤09 使用"矩形工具"绘制线条，然后为画面添加所需的文字，并按照所需的版式进行编排，最后使用图层组对图层进行管理，具体操作及效果如图7-34至图7-36所示。

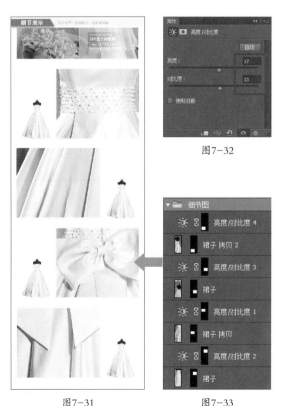

图7-31　　　　　　　　图7-32

图7-33

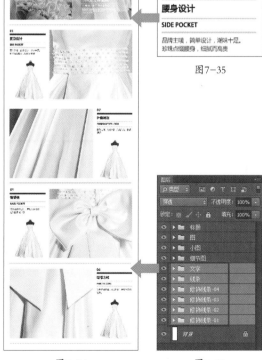

图7-35

图7-34　　　　　　　　图7-36

7.3 女鞋细节展示设计

图7-37

本案例是为女鞋设计的宝贝描述页面，由于素材的色彩较为强烈，通常使用灰色进行配色。在细节图像上添加边框，可以使其更加突显。同时搭配有细微底纹的背景，使画面不显单调，具体设计效果如图7-37所示。

素 材	素材\07\ 04、05.jpg
源文件	源文件\07\女鞋细节展示设计.psd

[设计理念]

- 在本案例的色彩搭配上，选用了不同明度的灰色作为画面背景，应用女鞋的色彩来点缀画面；
- 使用字母A作为画面背景的修饰图形，并将女鞋的细节图放在字母较粗的笔画上，形成自然的曲线，起到引导视线的作用；
- 使用外形较为圆润的字体对宝贝进行说明，使其与圆形的细节图产生相互关联的感觉，从而活跃了版面设计元素之间的关系。

[工具使用]

- 使用"图案叠加"和字母A制作出画面背景；
- 使用"钢笔工具"沿着女鞋边缘描绘路径，利用"路径"面板将绘制的路径转换为选区，抠取女鞋图像；
- 用"字符"和"段落"面板设置文字的属性；
- 通过"色彩平衡"和"色阶"调整图层，从而改变色彩和影调。

第二部分 设计篇——各个装修区域

[操作步骤]

步骤01 新建文件，创建图案叠加调整图层，在打开的对话框中进行设置，见图7-38。最后在"图层"面板中调整混合模式和"不透明度"，如图7-39所示，得到如图7-40所示的效果。

步骤02 选择"横排文字工具"在适当的位置单击并输入所需的文字，打开"字符"面板进行如图7-41所示的设置，得到如图7-42所示的图层，可以看到如图7-43所示的编辑效果。

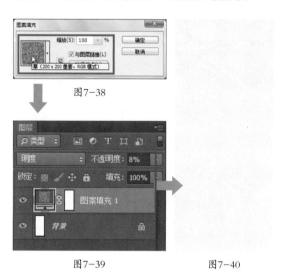

图7-38

图7-39　　　　　图7-40

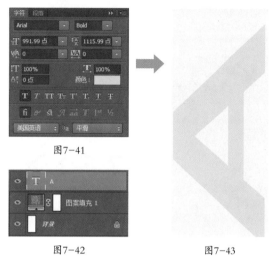

图7-41

图7-42　　　　　图7-43

步骤03 绘制出丝带的形状，使用相应的图层样式进行修饰，并为丝带添加上虚线，具体图层和设置如图7-44至图7-46所示，最终得到如图7-47所示的编辑效果。

步骤04 使用"横排文字工具"在适当的位置添加文字，打开"字符"面板进行如图7-48和图7-49所示的设置，并创建图层组管理图层，如图7-50所示。在图像窗口中可以看到如图7-51所示的编辑效果。

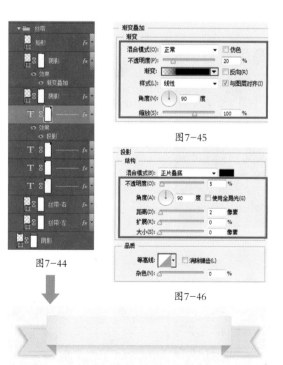

图7-44

图7-45

图7-46

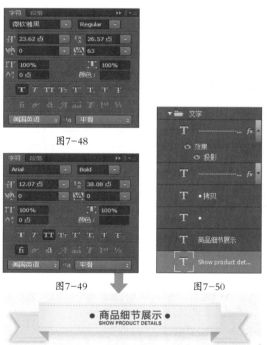

图7-48

图7-49　　　　　图7-50

图7-47

图7-51

步骤05 将所需的图像素材添加到图像窗口中，如图7-52所示。接着使用"钢笔工具"沿着商品边缘绘制路径，如图7-53所示。利用"路径"面板将绘制的路径转换为选区，如图7-54和图7-55所示。添加图层蒙版，将图像抠取出来，图像窗口显示出如图7-56所示的编辑效果。

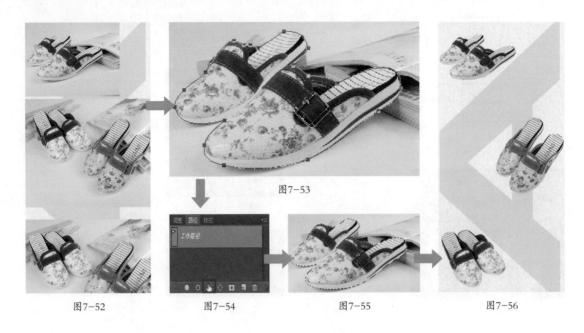

图7-52　　　　　　　　图7-54　　　　　　　　图7-55　　　　　　　　图7-56

步骤06 将抠取出来的图像添加到选区中，为其创建色彩平衡和色阶调整图层，按照如图7-57和图7-58所示的参数进行设置。调整图像的颜色和影调，在图像窗口中可以看到如图7-59所示的编辑效果。

步骤07 添加商品素材到图像窗口中，使用"椭圆工具"创建选区，并以选区为标准添加图层蒙版，控制图像的显示，最后用"描边"样式修饰图像，见图7-60、图7-61和图7-62。

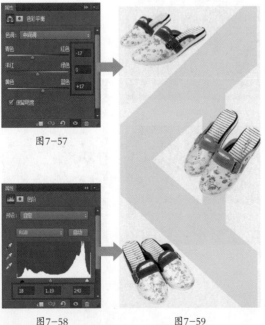

图7-57

图7-58　　　　　　　　图7-59

图7-60

图7-61　　　　　　　　图7-62

步骤08 将圆形的宝贝细节图像添加到选区中，为选区创建色彩平衡和色阶调整图层，按照如图7-63和图7-64所示的参数进行设置，调整图像的颜色和影调，使得整个画面的商品图像影调和色调视觉效果保持一致，得到如图7-65所示的图层编辑效果。在图像窗口中可以看到如图7-66所示的图像编辑效果。

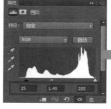

图7-63　　　　　图7-64　　　　　图7-65　　　　　图7-66

步骤09 使用"横排文字工具"为画面添加上所需的标题文字，打开"字符"面板进行如图7-67所示的设置，同时得到如图7-68所示的文本图层，在图像窗口中可以看到如图7-69所示的编辑效果。

步骤10 使用"横排文字工具"为画面添加所需的说明文字，打开"字符"和"段落"面板进行如图7-70和图7-71所示的设置。在图像窗口中可以看到如图7-72所示的编辑效果，完成本例的制作。

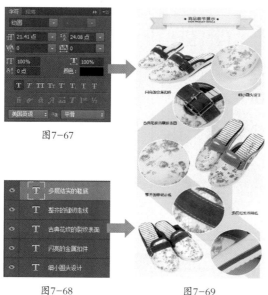

图7-67

图7-68　　　　　图7-69

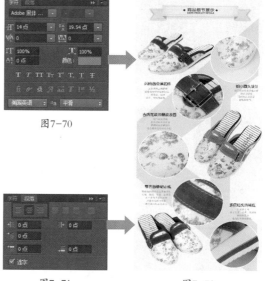

图7-70

图7-71　　　　　图7-72

提示

在Photoshop中要对多段文本应用相同的设置，可以通过使用"段落样式"面板来轻松实现效果。段落样式包括字符和段落格式设置属性，可应用于一个或多个段落。

执行"窗口>段落样式"菜单命令，打开如图7-73所示的"段落样式"面板。默认情况下，每个新文档中都包含一种应用于输入文本的"基本段落"样式，在其中可以编辑此样式，但不能重命名或删除。

图7-73

长裙细节展示设计

[设计理念]

以女式晚礼服素材为例，设计出女式长裙的细节展示画面（见图7-74），要求商品的细节丰富、信息详细，能够清晰地反映商品的特点，画面色彩简洁，突显出高贵大气的感觉。

图7-74

素 材	素材\07\综合实训\01、02、03、04.jpg
源文件	源文件\07\综合实训\长裙细节展示设计.psd

[操作步骤]

图7-75

新建一个文档，使用"矩形工具"和"钢笔工具"绘制出所需的图形，制作出画面中所需的标题栏，接着将模特图片添加到画面中，使用"图层蒙版"对图像的显示进行控制，利用"椭圆工具"和"钢笔工具"进行抠图，将图像放在适当的位置，如图7-75所示。

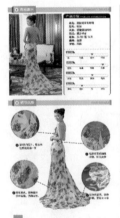

图7-76

使用"横排文字工具"在画面上适当的位置添加所需的文字，并对文字的字体、字号、字间距、文字颜色等相关内容进行设置。最后使用"移动工具"对文字的位置进行细微的调整，使文字摆放整齐，如图7-76所示。

图7-77

将画面中需要调整的图像添加到选区，使用"色阶"、"曲线"、"可选颜色"和"渐变映射"调整图层。对选区中的影调和色调进行细微的调整，增强模特和礼服图像的层次感和色彩感，力求呈现出最佳的视觉效果，如图7-77所示。

前面都是以淘宝为平台，对宝贝的描述页面进行设计和制作，与京东上为宝贝设计描述页面的方法大体相同，不同的是后者对宝贝的描述页面进行了大致的分类，以标签的形式显示出来，如图7-78和图7-79所示。图中显示出"商品介绍"、"规格参数"、"包装清单"等标签，如果要在"商品介绍"标签中使用网站默认的标题栏对商品的详情进行介绍，那么在标题栏的后面会统一的显示出京东的广告语和LOGO，用户只需直接添加文字和图片即可，如图7-80所

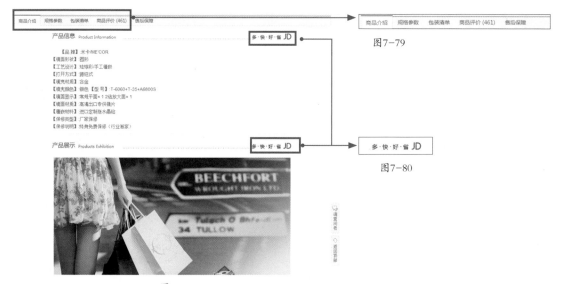

图7-79

图7-80

图7-78

此外，在京东上为商家设置了格式固定的"优惠套餐"专区和"推荐配件"专区，如图7-81所示。它们都是位于商品介绍页面顶部的，用户可以根据需要确定是否需要将其显示出来。

在"商品介绍"中商品文本详情的下方，有一个固定的区域是不能编辑的，这里放置的是京东商城的广告，显示出网站当前主推的活动，如图7-82所示。

图7-81

图7-82

除了上文提到的京东网商在对宝贝的详情页面设置的不同之处，其余编辑和设计的内容都可以参考淘宝上的操作，也就是利用图片、文字和修饰元素来说明商品的特点，从各个角度呈现出商品的细节。

以相机照片为素材（见图7-83、图7-84、图7-85和图7-86）设计一个关于相机的宝贝描述页面，要求画面能够全面地展示出相机各个角度的特点，并且包含相机的详细参数信息，同时画面的色彩清爽、自然，给人一种清新脱俗的感觉，整体效果简洁大方，最终效果如图7-87所示。

素 材	素材\07\课后习题\01、02、03、04.jpg
源文件	源文件\07\课后习题\相机细节展示设计.psd

图7-83

图7-84

图7-86

图7-85

图7-87

>>>>>

[技能要求]

- 通过图层蒙版对服饰照片的显示进行控制，利用"横排文字工具"和"字符"面板对文字进行编辑，并使用形状工具绘制所需的修饰图形。
- 根据服饰的类型、色彩和受众群来设计画面的配色，通过合理的布局来突显广告商品，展示出服饰的特点，使顾客在短时间内产生好感。

[效果展示]

复古色调女装店铺设计

可爱童装店铺首页设计

本案例是为女式服装店铺所设计的网店首页，画面中使用了多张不同造型的模特照片，利用合理的布局来对画面进行规划，通过复古色调的背景让整个页面产生浓浓的怀旧之感，其具体效果如图8-1所示。

图8-1

素材	素材\08\\ 01、02、03、04、05、06、07、08、09、10、11.jpg
源文件	源文件\08\复古色调女装店铺设计.psd

[设计理念]

• 在色彩搭配上，案例使用了低纯度的浑浊色照片作为画面的主要元素，搭配了棕灰色的纯色背景，不仅具有怀旧感，而且画面厚重、大气；

• 画面中简约而大气的文字，为画面的内容进行点缀，起着画龙点睛的作用；

• 画面的布局从上到下按照由疏到密，由密到疏，再由疏到密的版式进行设定，使画面的内容主次得当。由此带来的视觉缓冲，可以延长浏览者的停留时间，增强顾客的购买欲。

- 使用颜色填充图层对画面的背景颜色进行设置；
- 使用图层蒙版对图像的显示进行控制，通过选区进行图层蒙版的编辑；
- 利用"图层样式"对文字和形状进行修饰，使其外形更加丰富；
- 用"横排文字工具"为画面添加所需的文字，并打开"字符"面板设置文字属性；
- 利用形状工具绘制出画面中所需的修饰形状。

[操作步骤]

步骤01 根据设计所需在Photoshop中新建一个文档，执行"图层>新建填充图层>纯色"菜单命令，打开"拾色器（纯色）"对话框设置填充色为R75、B67、B56，如图8-2所示。在图像窗口可以看到如图8-3所示的效果。

步骤02 将所需素材添加到图像窗口中，创建图层，命名为"线条"，将其调整到照片的下方，用"渐变叠加"样式进行修饰，如图8-4和8-5所示，可看到如图8-6所示的效果。

图8-4

图8-5

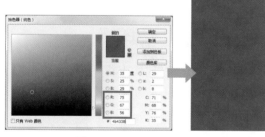

图8-2　　　　　　　　　图8-3

图8-6

步骤03 选择工具箱中的"横排文字工具"，在图像窗口的适当位置单击并输入所需的文字，将文字添加到创建的图层组"文字"中，对该图层组应用"描边"样式，如图8-7所示。在图像窗口中可以看到如图8-8所示的效果，在"图层"面板中可以看到如图8-9所示的图层效果。

图8-7　　　　　　　　　　　图8-8

图8-9

步骤04 选择"矩形工具"绘制出一个黑色的矩形，将其作为导航条的背景。接着使用"横排文字工具"输入导航条中的文字，如图8-10所示。并打开"字符"面板设置文字属性，如图8-11所示。

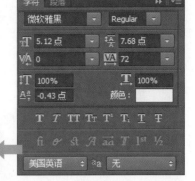

图8-10　　　　　　　　　　　　　　　　　　　　　图8-11

步骤05 使用"横排文字工具"和"钢笔工具"制作出收藏品牌的标识，通过图层样式对其进行修饰，最后将用于制作收藏品牌的图层进行合并，将其命名为"收藏"，如图8-12所示。

图8-12

步骤06 将所需的素材照片添加到图像窗口中，并适当调整其大小，选择"横排文字工具"为其添加适当的文字。打开"字符"面板对文字进行设置，如图8-13和图8-14所示。在图像窗口中可以看到如图8-15所示的编辑效果，得到的图层如图8-16所示。

图8-13　　　　　图8-14　　　　　　　图8-15　　　　　　图8-16

步骤07 参考步骤06的编辑方法，将所需的另外三张模特照片也添加到图像窗口中，将其大小调整一致，参考步骤06为图片添加文字，并对图层进行编组，如图8-17所示。在图像窗口中可以看到编辑后的效果，如图8-18所示。

图8-17　　　　　　　　　　　　　图8-18

提示　　　在编辑类似小模块的过程中，如果每个模块中的文字大小和字号都相同，那么可以考虑通过复制文字图层的方式进行编辑，对复制后的文字进行内容和颜色的更改，从而大大提高编辑的效率。

步骤08 使用"形状工具"和"横排文字工具"在图像窗口中绘制出所需的内容，并对绘制得到的图层进行合并，得到"图像"图层。将其作为广告商品区域的背景，接着把两张模特图像添加到图像窗口中，使用"图层蒙版"分别对其显示的效果进行控制，如图8-19所示。在图像窗口中可以看到编辑后的效果，如图8-20所示。

图8-19　　　　　　　　　　　　　　　　　图8-20

步骤09 使用"椭圆工具"绘制一个圆形，对绘制的圆形进行复制，接着绘制出矩形，使用"投影"样式进行修饰，如图8-21所示，再利用"横排文字工具"对复制后的圆形创建路径文字，并通过"字符"面板设置文字属性，如图8-22所示。得到如图8-23和8-24所示的效果。

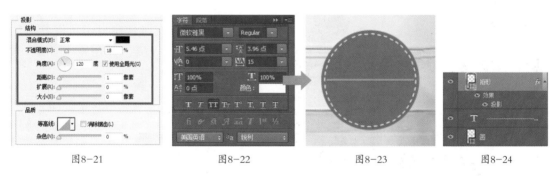

图8-21　　　　　图8-22　　　　　图8-23　　　　　图8-24

步骤10 选择工具箱中的"横排文字工具"，在图像窗口的适当位置单击，输入所需的文字，并分别对每个不同的文字图层进行设置，调整文字的字体、大小和颜色，接着为输入的价格文字添加上"渐变叠加"样式，进行如图8-25所示的设置，在图像窗口可以看到如图8-26所示的效果，最后创建图层组，命名为"商品推荐栏"，对图层进行分类，如图8-27所示。

图8-25　　　　　　　　　　图8-26　　　　　　　　　　图8-27

步骤11 使用"矩形工具"、"圆角矩形工具"和"钢笔工具"绘制出所需的形状，并分别填充不同的颜色，同时使用图层样式对各个形状进行修饰，最后添加上文字，如图8-28和图8-29所示。

步骤12 将所需的模特图片添加到图像窗口中，适当调整图像的大小，并使用"描边"样式进行修饰，如图8-30和图8-31所示，在图像窗口中可以看到如图8-32所示的编辑效果。

图8-28　　　　图8-29

图8-30

图8-31　　　　图8-32

步骤13 参考前面步骤11、步骤12，在图像窗口中添加另外两张模特的照片，对其余的促销区进行制作，并创建图层组，对编辑的图层进行分组，在图像窗口中可以看到如图8-33所示的编辑效果，得到的"图层"效果如图8-34所示。

图8-33

图8-34

步骤14 使用"矩形工具"和"钢笔工具"绘制出所需的形状，并使用图层样式进行修饰，合并图层得到"背景"图层，为得到的背景图层添加"描边"样式，如图8-35所示，得到的图层如图8-36所示，在图像窗口可以看到如图8-37所示的编辑效果。

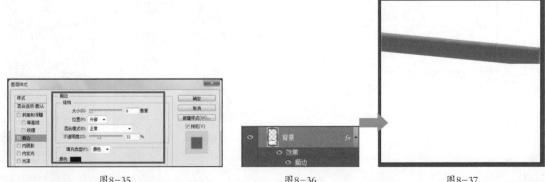

图8-35　　　　　　　　图8-36　　　　　　　　图8-37

步骤15 使用"魔棒工具"将"背景"图层中白色的区域添加到选区，为创建的选区创建颜色填充图层，如图8-39所示。设置填充色为R223、G199、B162，如图8-38所示，得到的图层如图8-39所示。在图像窗口可以看到如图8-40所示的效果。

图8-38

图8-39

图8-40

步骤16 打开所需的素材照片，见图8-41。将其添加到图像窗口中，使用"椭圆工具"、"钢笔工具"和"多边形套索工具"创建选区，为添加的照片添加上图层蒙版，如图8-42所示。对图像的显示进行控制，编辑后的图层如图8-43所示。

图8-41

图8-42

图8-43

步骤17 选择"横排文字工具"，在图像窗口中适当的位置输入所需的文字，打开"字符"面板对文字的属性进行设置，如图8-44、图8-45、图8-46和图8-47所示。调整文字的颜色、字体和字号，得到如图8-48所示的编辑效果，得到的图层如图8-49所示，完成本例的编辑。

图8-44

图8-45

图8-46

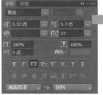

图8-47

图8-48

图8-49

图8-50

图8-51

源文件	源文件\08\配色扩展\复古色调女装店铺设计01.psd

源文件	源文件\08\配色扩展\复古色调女装店铺设计02.psd

图8-52

图8-53

图8-50为使用浅棕色作为画面主色调的制作效果，这样的配色可以让画面显得更加明亮，如果将画面中的模特服饰都换为深色调，那么，商品的形象将会更加醒目和突出，对商品的推销和展示有很大的帮助作用。

图8-51为使用橡皮红作为画面背景的制作效果，由于橡皮红的纯度和明度都较低，又具有一定的红色，因此，容易给人一种智慧和柔美的感觉，这样的配色让服饰显得清新脱俗，提升了画面设计的品质，使其更具设计感。

8.2 可爱童装店铺首页设计

本案例是以儿童服饰作为销售商品所设计的网店首页效果，见图8-54。画面使用了公布栏和福袋作为主要的设计元素，搭配上色彩艳丽的玫红色和紫色，使画面更加天真烂漫、活泼可爱。

图8-54

素材　素材\08\12、13、14、15、16、17、18、19、20.jpg

源文件　源文件\08\可爱童装店铺首页设计.psd

[设计理念]

· 在色彩搭配上，本案例使用了玫红色和紫色作为主要的颜色，调整这两种颜色的色调来增强色彩的层次感，由此丰富画面的内容。而背景中的粉色又营造出和谐温暖的氛围，对于商品的展示有一定的帮助作用；

· 画面中使用了两个不同颜色的福袋分别展示男童和女童的服饰，而福袋又是优惠、打折的代名词，这样的设计巧妙地显示出该店的折扣信息，从而提高商品的成交率；

· 设计中使用了漂浮的云朵作为点缀，给人一种清新的感觉。而云朵圆润的外形也表达出儿童稚嫩的情感，与销售的儿童服饰的形象相互辉映。

- 使用"矩形工具"绘制出矩形条，通过复制矩形条来制作出背景中的条纹；
- 用"圆角矩形工具"绘制出导航条，并用图层样式对其进行修饰；
- 选择"横排文字工具"为画面添加所需的文字，用"字符"面板对文字的字体、字号、颜色等进行设置，同时添加"描边"样式增强文字的表现力；
- 使用"钢笔工具"绘制出福袋的形状，并为其填充适当的颜色。

[操作步骤]

步骤01 根据设计所需在Photoshop中新建一个文档，设置前景色为R254、B222、B233，如图8-55和图8-56所示。按Alt+Delete快捷键，将新建的图层"粉"填充上前景色，得到如图8-57所示的效果。

步骤02 选择工具箱中的"矩形工具"，在其选项栏中进行设置，如图8-58所示。新建图层，命名为"条纹"，如图8-59所示。用"矩形工具"绘制矩形，并进行复制，得到如图8-60所示的效果。

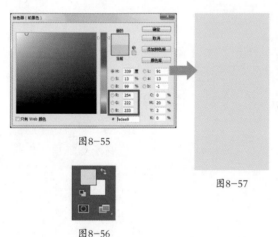

图8-55

图8-56

图8-57

图8-58

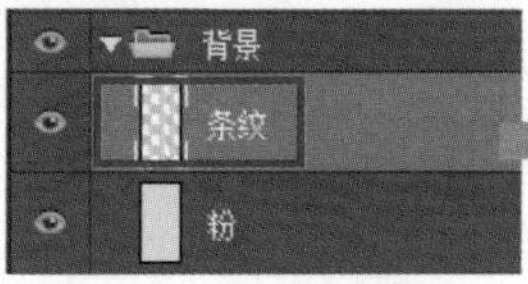

图8-59

图8-60

步骤03 新建图层，命名为"背景"。使用"矩形工具"在图像窗口的顶端绘制矩形，作为店招的背景，使用"渐变叠加"样式对其进行修饰，进行如图8-61所示的设置，编辑后的图层如图8-62所示，在图像窗口中可以看到如图8-63所示的编辑效果。

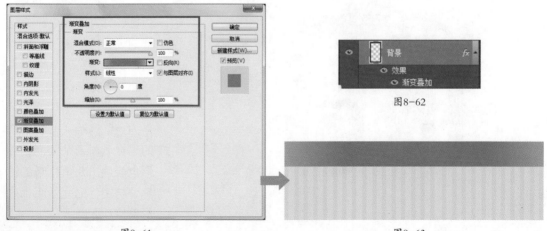

图8-61

图8-62

图8-63

步骤04 使用"椭圆工具"绘制出不同大小的圆形，并按照所需的位置排列成太阳花的形状，填充适当的颜色，使用"投影"和"内阴影"样式对其进行修饰，进行如图8-64和图8-65所示的设置，图像窗口中呈现出如图8-66所示的编辑效果，得到的图层如图8-67所示。

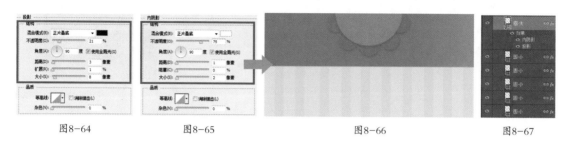

图8-64 图8-65 图8-66 图8-67

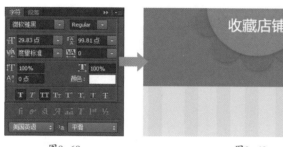

图8-68 图8-69

步骤05 选择工具箱中的"横排文字工具"在适当的位置单击并输入所需的文字，打开"字符"面板对文字的属性进行设置，如图8-68所示。在图像窗口中可以看到如图8-69所示的编辑效果。

步骤06 使用"圆角矩形工具"绘制一个圆角矩形，将其作为导航条的背景。使用"描边"、"渐变叠加"和"投影"样式对矩形进行修饰，进行如图8-70、图8-71和图8-72所示的设置，得到如图8-73所示的编辑效果。

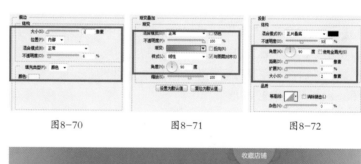

图8-70 图8-71 图8-72

图8-73

步骤07 使用"横排文字工具"在矩形条上输入所需的文字，打开"字符"面板进行设置，如图8-74所示。接着为输入的文字添加"描边"图层样式，如图8-75所示。在图像窗口中可以看到编辑的效果，如图8-76所示。

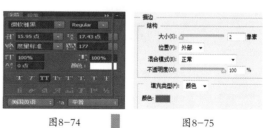

图8-74 图8-75

首页有惊喜 / 女童上装 / 女童下装 / 女童套装 / 男童上装 / 男童下装 / 男童套装 / 购物指南

图8-76

步骤08 使用Photoshop中的"绘图工具"绘制出心形的气球，将其图层命名为"心"，接着添加店铺的名称，使用"斜面和浮雕"、"描边"和"投影"样式进行修饰，见图8-77和图8-78。

图8-77

图8-78

步骤09 使用"钢笔工具"在适当的位置绘制出欢迎模块的背景，双击得到图层。在其"图层样式"对话框中对"渐变叠加"选项卡进行设置（见图8-79），得到如图8-80所示的编辑效果。

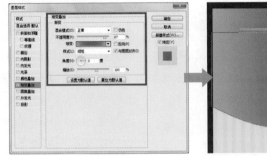

图8-79

图8-80

步骤10 将所需的儿童照片添加到图像窗口中，并适当调整其大小和位置，如图8-81所示。接着使用"钢笔工具"沿着人物边缘绘制出封闭的路径，在"路径"面板中将绘制的路径转换为选区，然后在"图层"面板中为添加素材的图层添加图层蒙版，将儿童抠取出来，可以看到如图8-82所示的编辑效果。

图8-81

图8-82

步骤11 将人物载入到选区中，为选区创建色阶调整图层，在打开的"属性"面板中设置RGB的色阶值分别为7、1.70、244，如图8-83所示。提亮选区中的图像，在图像窗口中可以看到如图8-84所示的编辑效果。

图8-83

图8-84

步骤12 使用"钢笔工具"绘制出所需的形状，分别为形状填充不同的颜色，并使用恰当的图层样式对其进行修饰，如图8-85和图8-86所示。

步骤13 参考步骤12的编辑，绘制出其余的形状，对编辑的图层进行分组，将其分别存储在图层组01、02和03中，具体如图8-87和图8-88所示。

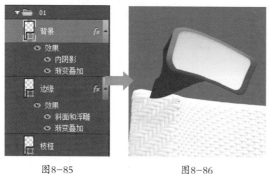

图8-85　　　　　　　　　图8-86

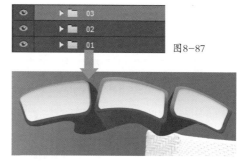

图8-87

图8-88

步骤14 使用"横排文字工具"输入文字，打开"字符"面板进行设置，执行"类型>文字变形"菜单命令，在"变形文字"对话框中进行设置，最后使用"描边"和"投影"样式进行修饰，具体设置如图8-89至8-92所示，最终得到如图8-93所示的最终效果。

图8-89　　　　　　　　　图8-90

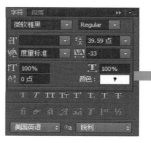

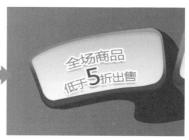

图8-91　　　　　　图8-92　　　　　　图8-93

步骤15 参考步骤14的编辑和设置，为图像窗口添加另外所需的文字。通过文字变形和图层样式对其进行修饰，可以看到如图8-94所示的编辑效果，得到的图层如图8-95所示。

图8-94　　　　　　　　　图8-95

提示　　在编辑文字的过程中，可以使用"文字工具"在图像窗口中将部分文字选中，通过调整"字符"面板中的字号来改变文字的大小，由此突显一段文字中的重要内容信息，还可以避免由于字号不同而创建多个文字图层的繁琐编辑。

步骤16 选择工具箱中的"圆角矩形工具"，在图像窗口中绘制出所需的形状，并分别调整每个形状的大小和颜色，使其叠加在一起，如图8-96所示，编辑后的图层如图8-97所示。

图8-96　　　　　　　　　　　　　　　　　　　图8-97

步骤17 使用"横排文字工具"在适当的位置单击并输入所需的文字，对文字的大小、字体、字号和颜色进行调整，在图像窗口中可以看到如图8-98所示的编辑效果。

图8-98

步骤18 使用"矩形工具"和"钢笔工具"绘制出所需的形状，用适当的颜色对其进行填充，调整形状的大小和位置，进行如图8-99所示的排列，得到的图层如图8-100所示。

图8-99　　　　　　　　　　　　　　　　　　　图8-100

步骤19 使用"圆角矩形工具"绘制形状，分别为其填充不同的颜色，使用相应的图层样式对圆角矩形进行修饰，具体的效果及相关的设置如图8-101至图8-105所示。

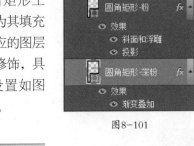

图8-101

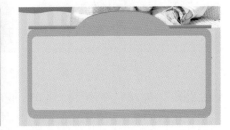

图8-102

图8-103

图8-104

图8-105

步骤20 用"椭圆工具"和"钢笔工具"绘制出所需的连接处形状，分别为绘制的形状填充颜色，并用图层样式对其进行修饰，得到如图8-106所示的编辑效果，得到的图层见图8-107。

图8-106　　　　　　　　　　　　　　　　　　　图8-107

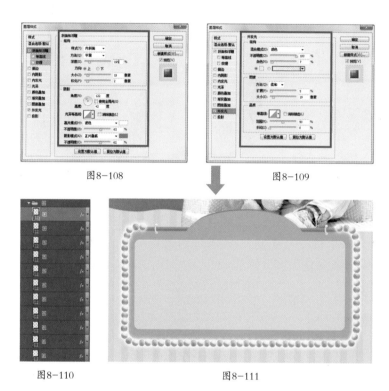

图8-108　　　　　　　　图8-109

图8-110　　　　　　　　图8-111

步骤21 使用"椭圆工具"绘制圆形，填充上玫红色，使用"斜面和浮雕"和"外发光"样式进行如图8-108和图8-109所示的设置，接着对编辑的圆形进行复制，调整其填充色为黄色，再对编辑完成的黄色和玫红色的圆形进行多次的复制，如图8-110所示，适当调整每个圆形的位置，将其放在通知栏的四周，如图8-111所示，让这些圆形对图形进行装饰。

步骤22 选择工具箱中的"横排文字工具"，在通知栏的中间输入所需的文字，并打开"字符"面板设置文字的属性，如图8-112和图8-113所示。适当调整文字的颜色，使用图层样式对其进行修饰，得到如图8-114所示的编辑效果，编辑的图层如图8-115所示。

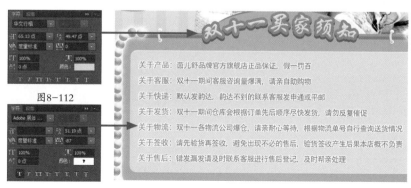

图8-112

图8-113　　　　　　　　图8-114　　　　　　　　图8-115

步骤23 使用"钢笔工具"绘制出云朵的形状，填充上白色，对绘制的云朵进行复制，如图8-116所示。调整云朵的位置，使其散布在画面中，如图8-117所示。

步骤24 使用"钢笔工具"和"圆角矩形工具"绘制出福袋的形状，分别为绘制的形状填充上不同的颜色，图8-118为编辑后的效果。

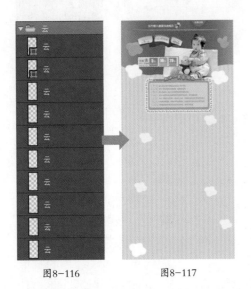

图8-116　　　　　图8-117

图8-118

步骤25 将所需的儿童照片添加到文件中，适当调整其大小，然后添加文字和所需的形状，对内容进行完善，创建图层组管理图层，见图8-119，得到如图8-120所示的编辑效果。

步骤26 将其余所需的照片也添加到图像窗口中，参考步骤25的编辑方法，把照片和文字进行整齐的排列，图层如8-121所示，在图像窗口中可以看到如图8-122所示的编辑效果。

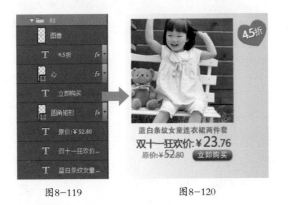

图8-119　　　　　图8-120

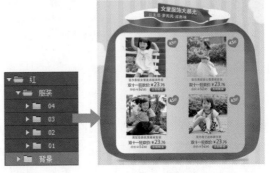

图8-121　　　　　图8-122

步骤27 参考步骤24、步骤25、步骤26的编辑方法，绘制出紫色的福袋，将男童的照片添加其中，使用文字对照片中的商品进行说明，在图像窗口可以看到如图8-123所示的编辑效果，完成本例的制作。

图8-123

图8-124

图8-125

第8章 服饰店铺的设计

源文件	源文件\08\配色扩展\可爱童装店铺首页设计01.psd

源文件	源文件\08\配色扩展\可爱童装店铺首页设计02.psd

#9A98CA #C9A1C4

#744EBD #E74C86 #83CEEE

图8-126

#F8E0B2 #7A57B3

#FFDBE9 #C2DE93 #E23CA2

图8-127

　　图8-124为使用蓝色作为画面主色调的制作效果，蓝色为天空的色彩，使用蓝色与白色的云朵搭配，表现出儿童自由想象、天马行空的感觉。

　　图8-125为使用绿色作为画面主色调的制作效果，清新的绿色使人朝气蓬勃，带给人舒适、温和的感受。

以女装为素材，如图8-128、图8-129、图8-130、图8-131和图8-132所示，设计一个女装店铺的首页，要求以素材照片的颜色作为配色的依据，制作出店招、导航条、欢迎模块、分类标题栏、新品展示区和广告商品区，要求画面清新自然、淡雅舒爽，如图8-133所示。

素 材	素材\08\课后习题\01、02、03、04、05.jpg
源文件	源文件\08\课后习题\清新风格的女装店铺装修设计.psd

图8-128

图8-129

图8-130

图8-131

图8-132

图8-133

[技能要求]

- 充分使用"图层混合模式"和"图层样式"对图层进行编辑，并利用"钢笔工具"和"魔棒工具"进行有效和快速的抠图，同时通过创建剪贴蒙版来对两个图层的显示进行控制，以提高编辑的效果。
- 根据箱包的受众群和外形特点，对店铺首页的色彩、布局、设计元素和风格等进行定位，突显出广告商品，延长顾客在店铺的停留时间，提高成交率。

[效果展示]

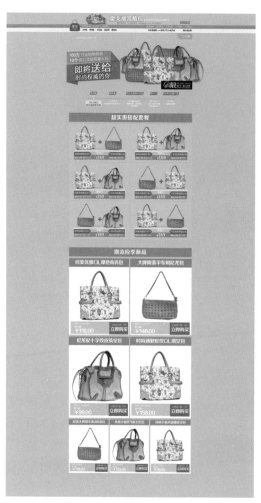

怀旧色户外背包首页设计

蓝绿色女式箱包首页设计

本案例是为户外背包店铺所设计和制作的首页效果,画面中使用了冰山作为背景,并搭配怀旧的色调突出户外登山这项活动冒险、刺激和勇敢的特点,具有很强的观赏性,其具体效果如图9-1所示。

素材	素材\09\\01、02、03、04、05、06、07、08、09、10、11、12、13、14、15.jpg
源文件	源文件\09\怀旧色户外背包首页设计.psd

图9-1

[设计理念]

- 在欢迎模块中以雪山作为背景,采用了双色调的模式让背景色彩协调而统一,表现出登山这项运动艰险、勇敢、活跃的特点,并搭配上色彩艳丽的红色作为广告文字,更好地突出店铺的活动信息;

- 在商品的成列展示区域,使用了阶梯式的方式对商品进行逐层的显示。由大到小,由上至下的商品内容,使页面的布局更加灵活,具有一定的韵律感。通过风格一致的标题栏对每组商品进行分类,搭配鲜艳的文字展示商品的信息,可以清晰地再现商品的形象。

- 为添加的雪山照片创建图层蒙版，使用"渐变工具"对图层蒙版进行编辑，让图像的边缘呈现出自然的过渡效果；
- 使用"黑白"调整图层打造双色调效果，并通过颜色填充图层调整整体颜色；
- 利用"图案叠加"样式为书包素材添加上花纹；
- 使用"溶解"图层混合模式让标题文字的边缘产生自然的溶解效果。

[操作步骤]

步骤01 根据设计所需在Photoshop中新建一个文档，设置前景色（见图9-2和图9-3）。按Alt+Delete快捷键将"背景"图层填充上前景色，图层如图9-4所示，在图像窗口可以看到如图9-5所示的效果。

步骤02 新建图层，将雪山素材添加到图像窗口中，适当调整图像的大小（见图9-6）；使用"渐变工具"对添加的图层蒙版进行编辑（见图9-7）；在图像窗口中可以产生如图9-8所示的效果。

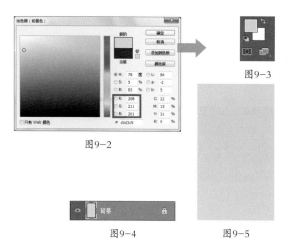

图9-2

图9-3

图9-4

图9-5

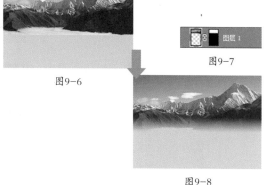

图9-6

图9-7

图9-8

步骤03 对"图层1"进行复制，接着将图层蒙版删除，适当调整复制后图层中图像的大小，重新添加图层蒙版，使用"渐变工具"对图层蒙版进行编辑，如图9-9所示；在"图层"面板中设置混合模式为"明度"；"不透明度"为20%（见图9-10），得到如图9-11所示的编辑效果。

图9-9

图9-10

图9-11

提示

　　"明度"是图层混合模式中的一种，它是用原稿颜色的色相和饱和度，和通过绘画或编辑工具应用的颜色的明亮度，利用这两者来创建最终的色彩。"明度"模式应用后的效果与"颜色"模式应用后的效果相反。

步骤04 创建黑白调整图层，在打开的"属性"面板中勾选"色调"复选框，单击"色调"选项后面的色块，在打开的对话框中设置颜色，如图9-12所示；并在"属性"面板中调整其余的参数，如图9-13所示；最后用"渐变工具"对图层蒙版进行编辑，如图9-14和图9-15所示。

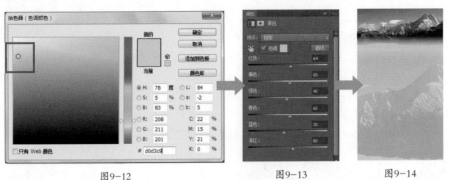

图9-12　　　　　　　图9-13　　　　　　图9-14　　　　　　图9-15

步骤05 创建颜色填充图层，在打开的"拾色器"对话框中设置填充色，如图9-16所示；在"图层"面板中设置混合模式为"排除"（见图9-17）；并用"渐变工具"编辑图层蒙版，在图像窗口中可以看到如图9-18所示的编辑效果。

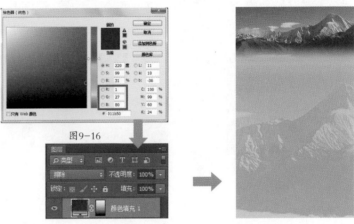

图9-16　　　　　　　　　　　　　　　　　　　图9-18

图9-17

步骤06 绘制一个矩形，填充上白色，调整"填充"为30%（见图9-19）；为其添加上如图9-20所示的"外发光"样式，在图像窗口中可以看到如图9-21所示的效果。

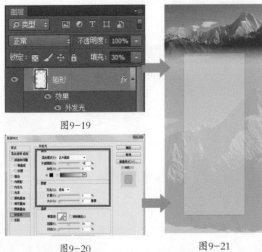

图9-19

图9-20　　　　　　图9-21

步骤07 使用"矩形工具"绘制一个矩形，命名为"高光"；在工具选项栏中设置填充色为透明到白色的线性渐变，将其作为高光，如图9-22至图9-24所示。

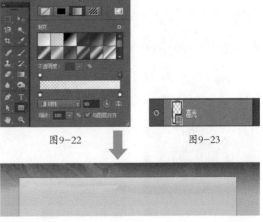

图9-22　　　　　　　图9-23

图9-24

步骤08 绘制出一个矩形，使用如图9-25所示的"图案叠加"样式对其进行填充，并将图层转换为智能图层，执行"滤镜＞杂色＞添加杂色"菜单命令，进行如图9-26所示的设置；编辑的图层，如图9-27所示，在图像窗口中可以看到如图9-28所示的编辑效果。

  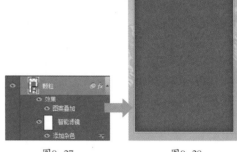

图9-25　　　　　　　　图9-26　　　　　　　　图9-27　　　　　　　　图9-28

步骤09 绘制一个矩形，填充上黑色，在"图层"面板中设置其混合模式为"正片叠底"，"填充"为35%，如图9-29所示；放在图像窗口中适当位置，如图9-30所示。

图9-29　　　　　　　　　　　　　　图9-30

步骤10 绘制一个矩形形状，填充上适当的渐变色，并使用"投影"样式进行修饰（见图9-31和图9-32）；在"图层"面板中设置"填充"为20%，如图9-33所示，在图像窗口中可以看到如图9-34所示的编辑效果。

步骤11 绘制出所需的形状，填充上适当的颜色，在"图层"面板中设置"不透明度"为20%，如图9-35和图9-36所示。

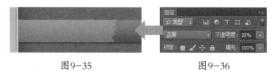

图9-35　　　　　　　　图9-36

步骤12 在图像窗口中添加上所需的素材，创建剪贴蒙版，如图9-37所示。在图像窗口中可看到如图9-38所示的编辑效果。

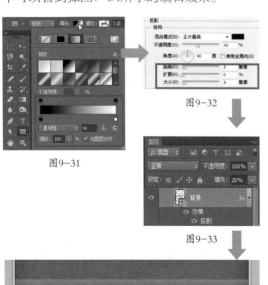

图9-31

图9-32

图9-33

图9-34

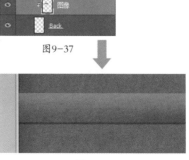

图9-37

图9-38

步骤13 选择"横排文字工具"在适当的位置添加文字，并使用"矩形工具"绘制出所需的线条，放在适当的位置，在图像窗口中可以看到如图9-39所示的编辑效果，在"图层"面板中可以看到如图9-40所示的显示效果。

图9-39　　　　　　　　　　　　　　图9-40

步骤14 参照步骤10、步骤11、步骤12、步骤13的操作方法，制作出其他的标题栏，得到的图层，如图9-41所示，得到如图9-42所示的编辑效果。

步骤15 为图像窗口中添加锁链，对锁链素材进行复制，如图9-43所示。适当调整锁链的大小和位置，得到如图9-44所示的编辑效果。

图9-41

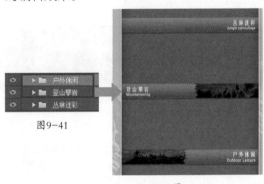

图9-42

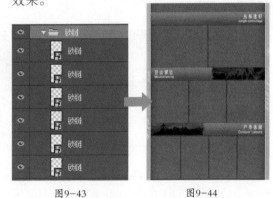

图9-43　　　　　　　　　图9-44

步骤16 选择工具箱中的"横排文字工具"，在图像窗口的适当位置单击并输入所需的文字，使用如图9-45所示的"投影"样式进行修饰，设置文字图层的混合模式为"溶解"，如图9-46所示，在图像窗口中可以看到如图9-47所示的编辑效果。

图9-45　　　　　　　图9-46　　　　　　　　　　图9-47

步骤17 使用"横排文字工具"在画面的标题栏中添加所需的文字，如图9-48所示，并使用图层样式对文字进行修饰。

图9-48

步骤18 在图像窗口中添加所需的箱包素材，适当调整素材的大小，放在画面的适当位置；使用如图9-49和图9-50所示的"图案叠加"样式对箱包进行修饰，得到如图9-51所示的编辑效果；在"图层"面板中可以看到如图9-52所示的显示效果。

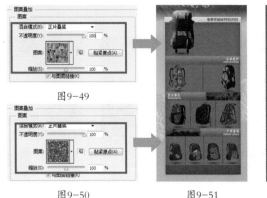

图9-49

图9-50

图9-51

图9-52

步骤19 使用"横排文字工具"为画面添加所需的商品说明文字，并将文字添加到创建的图层组"文字"中，如图9-53所示；在图像窗口中可以看到如图9-54所示的效果。

步骤20 使用"横排文字工具"输入LOGO中所需的文字，见图9-55，然后用"自定形状工具"为LOGO添加爪子形状，，见图9-56，在图像窗口中可看到如图9-57所示的编辑效果。

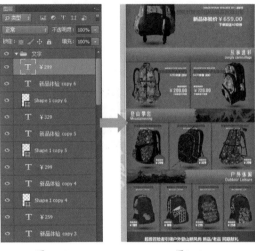

图9-53　　　　　图9-54

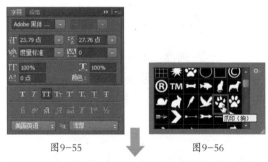

图9-55　　　　　图9-56

图9-57

步骤21 将绘制的文字和形状添加到LOGO图层组中，使用如图9-58、图9-59和图9-60所示的"内阴影"、"颜色叠加"和"投影"样式进行修饰，，编辑后的图层，如图9-61所示，在图像窗口中可以看到如图9-62所示的编辑效果，将LOGO放在适当位置，完成本例的制作。

图9-59

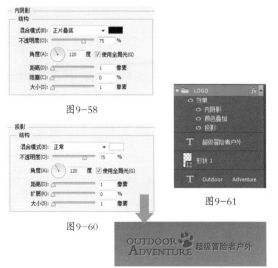

图9-58

图9-60

图9-61

图9-62

图9-63

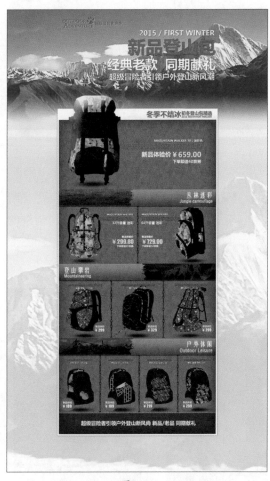

图9-64

源文件 源文件\09\配色扩展\怀旧色户外背包首页设计01.psd

源文件 源文件\09\配色扩展\怀旧色户外背包首页设计02.psd

#00164F　　#5B4D58　　#A96C23　　#EACA91　　#E64E25

图9-65

#124366　　#B0C3AB　　#496A52　　#F2E91B　　#F80780

图9-66

图9-63为以偏暗的灰紫色和古铜色作为主色调调整画面色彩的效果，可以看到这两种颜色的纯度都偏低，明度也不高。通常情况下，灰紫色给人一种神秘感，这与户外探险运动所吸引人的地方相同；另外古铜色表现出一种沉稳的感觉，两种颜色搭配在一起能够产生和谐、稳定的感觉。

图9-64为以青色作为主色调调整画面色彩的效果，由此产生清脆而不张扬，伶俐而不圆滑的效果。同时使用玫红色作为辅助色进行搭配，强烈的对比效果使画面中的重要信息更加地突出，同时与户外队员鲜艳的装备色彩相互辉映，更好地彰显商品的特点。

本案例是为炫彩时尚的女式箱包所设计的店铺首页，页面主要以商品展示为主，通过将广告商品与搭配商品分区展示的方式来烘托促销的氛围。同时，搭配上纯度较高的蓝绿色，产生知性华贵的感觉，具体的制作效果如图9-67所示。

素 材	素材\09\16、17、18.jpg
源文件	源文件\09\蓝绿色女式箱包首页设计.psd

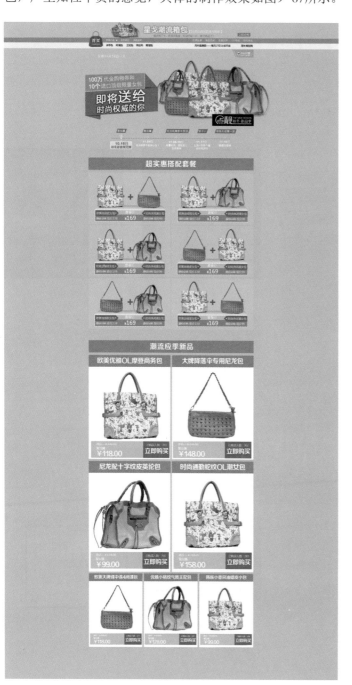

图9-67

[设计理念]

· 本案例在配色上使用了蓝绿色作为画面的背景。单色通常给人一种纯粹的感觉，而蓝绿色是介于蓝色和绿色之间的色彩，将女性甜美的特质展现的恰到好处；

· 画面的欢迎模块通过变形的标题文字制作出活动主题，搭配上色彩绚丽且外形多样的箱包，同时在下方以时间线的方式制作出未来每个阶段的活动信息，便于顾客提早预知店铺活动内容，充分地传递出店铺的活动信息和动态；

· 在搭配区域中，通过两种不同商品的搭配，给予顾客更多的优惠和选择，突出本次活动的优惠力度，增强顾客的购买欲，接着以单品展示的方式突出广告商品的信息，加强商品的宣传。

- 使用"矩形工具"、"椭圆工具"和"钢笔工具"等多种绘图工具绘制出画面中所需的形状,并在工具的选项栏中设置每个形状的填充色;
- 使用"横排文字工具"添加画面中所需文字,通过"旋转"命令调整部分文字的角度;
- 使用"投影"样式为箱包添加阴影效果;
- 使用"钢笔工具"精确抠取箱包,并通过"合并图层"命令将箱包图层进行合并。

[操作步骤]

步骤01 根据设计所需在Photoshop中新建一个文档,设置前景色为R2、G192、B180,如图9-68所示。按Alt+Delete快捷键,将"背景"图层填充上前景色,图层如图9-69所示,得到如图9-70所示的编辑效果。

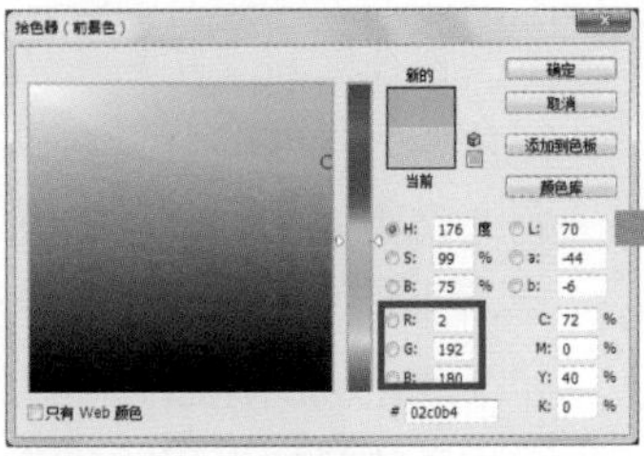

步骤02 选择工具箱中的"横排文字工具"为画面添加所需的文字,按照如图9-71和图9-72所示的"字符"面板进行参数设置,在图像窗口中可以看到如图9-73所示的编辑效果。

图9-68

图9-69

图9-70

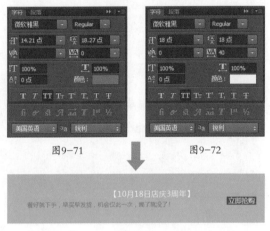

图9-71   图9-72

图9-73

步骤03 将箱包素材添加到图像窗口中,将其抠取出来,按照所需的位置组合起来,并使用如图9-74所示的"投影"样式对其进行修饰,在图像窗口中可以看到如图9-75所示的编辑效果。

图9-74   图9-75

步骤04 选择"横排文字工具"在适当位置单击并输入所需的文字,打开"字符"面板按照如图9-76所示的参数进行设置,并添加上如图9-77所示的"外发光"样式,在图像窗口中可以看到如图9-78所示的效果,完成店招的制作。

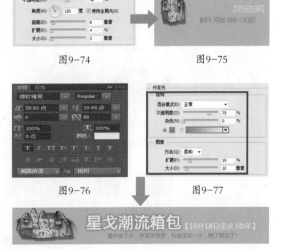

图9-76   图9-77

图9-78

步骤05 使用"矩形工具"绘制出所需的矩形，填充上相应的颜色，作为导航的背景色，接着添加上所需的文字，按照如图9-79所示的参数进行设置，可以产生如图9-80所示的编辑效果，图层如图9-81所示。

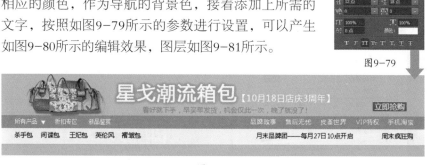

图9-80　　　　　　　　　　　　　　　　　　　图9-81

步骤06 绘制出箱包的形状，放在适当的位置，使用"横排文字工具"输入所需的文字，打开"字符"面板，按照如图9-82和图9-83所示的参数对文字的属性进行设置，在图像窗口中可以看到如图9-84所示的编辑效果，完成导航的绘制。

图9-82　　　　　图9-83　　　　　　　　图9-84

步骤07 使用形状工具绘制出活动内容区域所需的形状，用"横排文字工具"为该区域添加文字，并按照如图9-85所示的效果进行排列。在"图层"面板中创建图层组，命名为"活动内容"，将该区域的图层都拖曳到其中，如图9-86所示。

图9-85　　　　　　　　　　　　　　　　　　图9-86

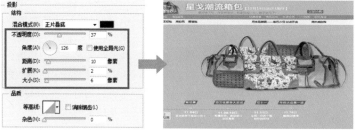

步骤08 将箱包素材添加到图像窗口中，将其抠取出来，并把箱包组合在一起，按照如图9-87所示的"投影"样式对箱包进行修饰，在图像窗口中可以看到如图9-88所示的编辑效果。

图9-87　　　　　　图9-88

步骤09 绘制出欢迎模块区域所需的形状，按照如图9-89所示的"字符"面板中的设置对添加的文字进行设置，并使用如图9-90所示的"投影"样式对文字进行修饰，在图像窗口中可以看到如图9-91所示的编辑效果。

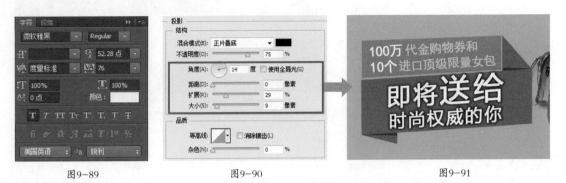

图9-89　　　　　　　　　　图9-90　　　　　　　　　　图9-91

步骤10 使用形状工具和文字工具制作出欢迎模块中所需的收藏及标识图像，得到如图9-92所示的编辑效果，并对"图层"面板进行编组管理，如图9-93所示。

步骤11 使用"矩形工具"绘制出所需的形状，填充上适当的颜色，并对绘制的矩形进行复制，如图9-94所示。按照一定的顺序进行排列，得到如图9-95所示的编辑效果。

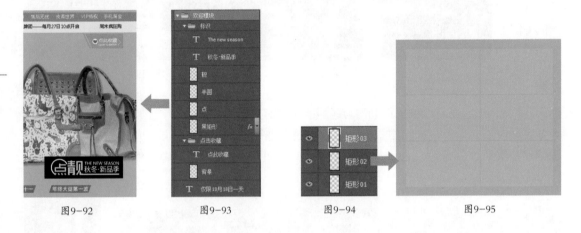

图9-92　　　　　　图9-93　　　　　　图9-94　　　　　　　图9-95

步骤12 使用"矩形工具"绘制出加号的形状，填充上红色，接着使用"矩形工具"和"钢笔工具"绘制出平台的效果，分别填充上渐变色和白色，按照一定的位置进行排列，得到的图层，如图9-96所示，在图像窗口中可以看到如图9-97所示的编辑效果。

图9-96　　　　　　　　图9-97

提示 梯形形状除了使用"钢笔工具"直接绘制出来以外，还可以对绘制的矩形执行"编辑＞变换＞斜切"菜单命令，利用自由变换框对矩形的两个直角进行同时变换，以提高形状绘制的精确程度。

步骤13 使用"矩形工具"和"钢笔工具"绘制出所需的修饰形状，分别填充上适当的颜色，得到的图层，如图9-98所示，按照如图9-99所示的效果进行排列，并使用图层样式对某些形状进行修饰。

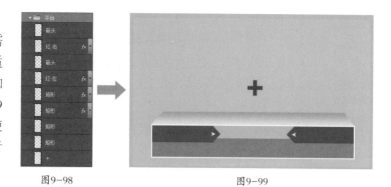

图9-98　　　　　　　　　　　图9-99

步骤14 选择工具箱中的"横排文字工具"，在适当的位置单击并输入所需的文字，在"图层"面板中可以看到如图9-100所示的图层显示效果，按照如图9-101所示的效果进行排列。

图9-100 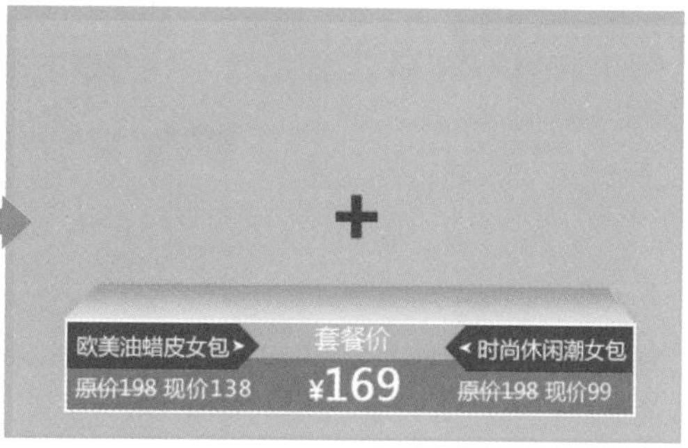　　　　　　　　　　　图9-101

步骤15 对前面绘制的商品展示平台进行复制，如图9-102所示。同时，对复制后的图层组进行位置调整，按照如图9-103所示的效果进行排列。

步骤16 将箱包素材添加到图像窗口中，将其抠取出来，适当调整箱包的大小，在"图层"面板中可以看到如图9-104所示的显示效果，按照如图9-105所示的效果进行排列。

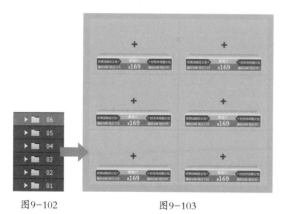

图9-102　　　　　　图9-103

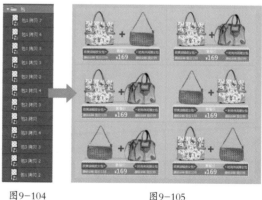

图9-104　　　　　　图9-105

步骤17 使用"矩形工具"绘制出一个矩形，填充上适当的颜色，放在合适的位置，作为标题栏的背景。使用"横排文字工具"添加上所需的文字，在图像窗口中可以看到如图9-106所示的编辑效果。

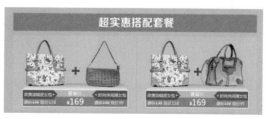

图9-106

步骤18 选择工具箱中的"矩形工具",绘制出所需的形状,分别填充上不同的颜色,并调整大小,得到如图9-107所示的编辑效果。接着使用"横排文字工具"为画面添加所需的文字,按照如图9-108所示的显示效果进行排列,最后添加上抠取的箱包素材,在图像窗口中可以看到如图9-109所示的编辑效果。

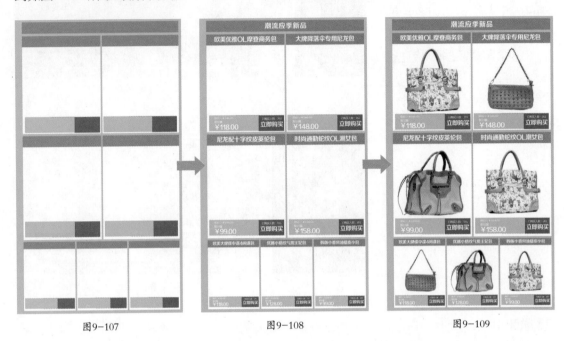

图9-107   图9-108   图9-109

步骤19 使用图层组对编辑后的图层进行管理和分组,按照如图9-110所示的"图层"面板进行命名。对编辑后的图像进行细微地调整,得到如图9-111所示的编辑效果,完成本例的编辑。

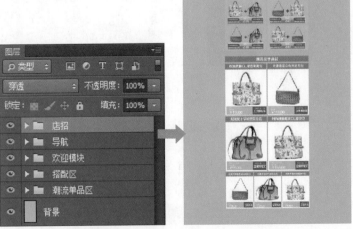

图9-110

图9-111

提示

在Photoshop对网店进行设计的过程中,为了让对象的位置摆放更加的准确,可以使用参考线进行辅助操作。

参考线可帮助用户精确地定位图像或元素,它显示为浮动在图像上方的一些不会打印出来的线条,能够自由的移动或取消参考线,也可以锁定参考线,从而不会将之意外移动。

除此之外,使用智能参考线还可以帮助对齐形状、切片和选区。当我们绘制形状或创建选区和切片时,智能参考线会自动出现,如果需要可隐藏智能参考线。

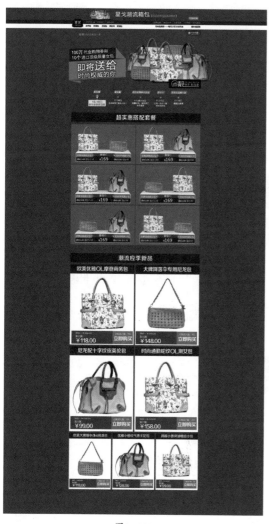

图9-112

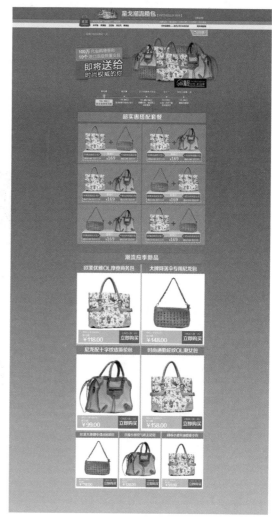

图9-113

源文件 源文件\09\配色扩展\蓝绿色女式箱包首页设计01.psd

源文件 源文件\09\配色扩展\蓝绿色女式箱包首页设计02.psd

	#F91262		#800001	
#FFFFFF		#A63B41		#4C0000

图9-114

图9-115

图9-112为以红色作为主色调的制作效果，这样的配色可以营造出一种喜庆的气氛，适合在一些较为热闹和欢庆的节日中使用。画面由多种不同明度和纯度的红色组成，产生出丰富的层次感。

图9-113为以蓝绿色到玫红色自然过渡的线性渐变作为画面背景的制作效果，这样的配色会营造出一种神秘浪漫的氛围，与当下女式箱包流行的混搭风交相互应，更好地突显了商品的特点。

以女式箱包和矢量卡通形象为素材（见图9-116、图9-117和图9-118）设计一个女式箱包的首页，要求将素材照片调整为多种色彩，并以卡通形象作为画面背景，利用双色调修饰网页背景，通过彩色的商品与双色调形成色彩上的碰撞，同时使用Z字形进行布局，如图9-119所示。

素 材	素材\09\课后习题\01、03.jpg，02.png
源文件	源文件\09\课后习题\复古风格的可爱女包网店设计.psd

图9-116

图9-117

图9-118

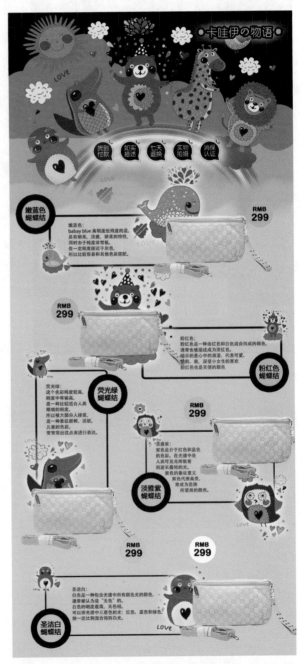

图9-119

第三部分 综合篇——打造个性店铺

第**10**章 手机数码店铺的设计

>>>>>

[技能要求]

- 针对不同的商品素材，选择使用"钢笔工具"进行抠图，或者通过更改图层混合模式来达到抠取图像的目的，利用"钢笔工具"、"矩形工具"和"椭圆工具"等形状工具绘制出所需的形状对画面进行修饰。
- 由于数码商品的外观色彩大部分都为黑色，因此为了表现出商品的质感和品质，配色和布局尤为重要，但是设计的主要目的还是以突出商品形象为主。

[效果展示]

蓝色调数码店铺设计

靓丽数码店铺设计

本案例是为数码商品所设计的网店首页，制作中使用了不同明度的蓝色来进行色彩搭配，由此产生宁静舒适的感觉，并通过具有引导作用的Z字形布局和修饰性图形，来增添画面的设计感，其具体的设计效果如图10-1所示。

素材	素材\10\\01、02、03、04、05、06.jpg
源文件	源文件\10\蓝色调数码店铺设计.psd

[设计理念]

· 蓝色是一种令人舒适的颜色，在案例中使用蓝色作为主要的色调进行配色，可以产生静谧的效果，提高顾客的兴趣，而不同明度的蓝色又可以增强画面的层次感，使其主次清晰；

· 将明度较高的蓝色作为画面的背景，使其与黑色的数码产品形成强烈的明暗对比，能够给人一种高档质感，也使得产品的表现尤为突出；

· 设计中以标签作为修饰元素，对商品进行合理的归类和描述，使整个画面一目了然，简单大方。

图10-1

[**软件操作**]

- 使用选区工具创建选区，为创建的选区填充上适当的前景色，为页面进行分区；
- 通过对照片的局部区域进行复制，并对复制的图像进行变形调整，扩大照片的显示范围，制作出宽幅的欢迎模块效果；
- 利用"描边"样式和"填充"选项制作出细窄的边框效果；
- 使用"变暗"混合模式对数码商品进行编辑，抠取所需的图像。

[**操作步骤**]

步骤01 在Photoshop中新建一个文档，使用"矩形选框工具"创建选区，使用如图10-2和图10-3所示的前景色对选区填充上相应的颜色，在图像窗口中可以看到如图10-4所示的编辑效果。

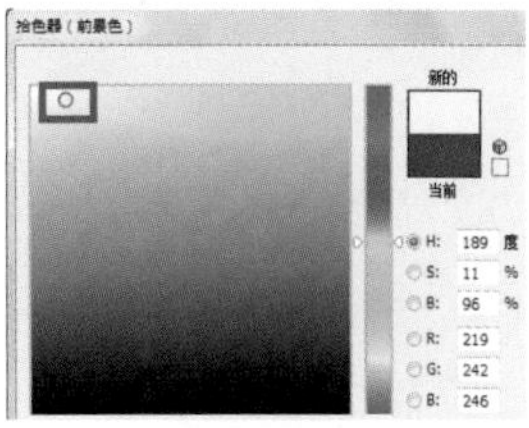

步骤02 使用"横排文字工具"在画面顶部适当的位置添加上所需的文字，按照如图10-5和图10-6所示的"字符"面板中的参数进行设置，在图像窗口中可以看到如图10-7所示的编辑效果。

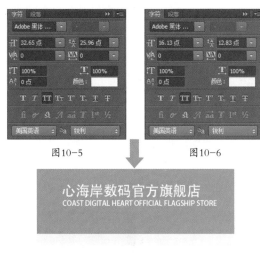

图10-2

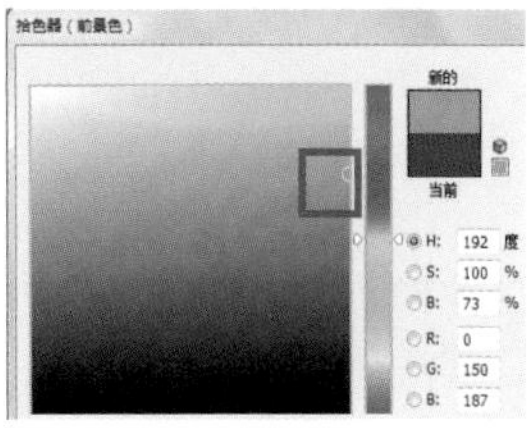

图10-3

图10-4

图10-5　　　　　　图10-6

图10-7

步骤03 新建图层，命名为"LOGO"，如图10-8所示。使用"钢笔工具"绘制出相机的路径，将路径转换为选区，为选区填充上白色，将白色的相机图像放在适当的位置，如图10-9所示。

步骤04 绘制出收藏的图像，放在店招的右侧，得到如图10-10所示的编辑效果，在"图层"面板中创建图层组，命名为"店招"，将图层拖曳到其中，对图层进行管理和分类，如图10-11和图10-12所示。

图10-8

图10-9

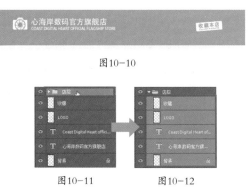

图10-10

图10-11　　　　　图10-12

步骤05 双击工具箱中的前景色色块，按照如图10-13所示对"拾色器"对话框进行设置，接着新建图层，命名为"背景"，使用"矩形选框工具"在图像窗口的适当位置创建选区，为其填充上前景色，作为欢迎模块的背景，如图10-14和图10-15所示。

图10-13　　　　　　　　　　　　　　　　图10-14　　　　　　　　　　　　图10-15

步骤06 将所需的模特素材添加到文件中，按住Ctrl键的同时单击"背景"图层的图层缩览图，如图10-16所示；将欢迎模块的背景添加到选区，如图10-17所示；接着为人物素材图层添加图层蒙版，如图10-18所示；对图像的显示进行控制，得到如图10-19所示的编辑效果。

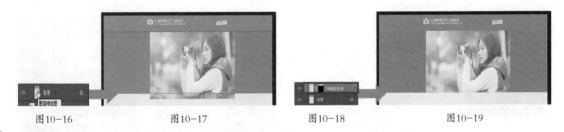

图10-16　　　　　　　　图10-17　　　　　　　　图10-18　　　　　　　　图10-19

步骤07 使用"矩形选框工具"将人物素材的左侧区域添加到选区，如图10-20所示；按Ctrl+J快捷键对选区中的图像进行复制，接着按Ctrl+T快捷键变换复制后的图像，如图10-21所示；使得欢迎模块的左侧布满图像，如图10-22所示。

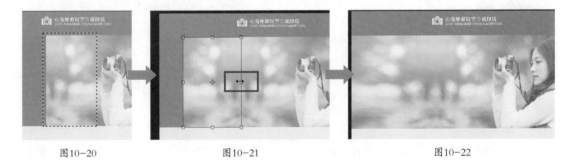

图10-20　　　　　　　　　　图10-21　　　　　　　　　　　图10-22

步骤08 参照步骤07中的编辑方法，对人物素材的右侧进行复制，并对复制后的图像大小进行调整，同时利用图层蒙版控制其效果，如图10-23和图10-24所示。在图像窗口中可以看到如图10-25所示的编辑效果，整个欢迎模块布满了素材图像。

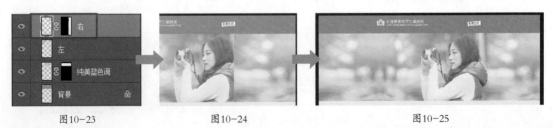

图10-23　　　　　　　　　图10-24　　　　　　　　　　　图10-25

步骤09 使用"横排文字工具"在适当的位置输入所需的文本信息，适当调整文字的属性，设置其填充色为白色，创建图层组，命名为"欢迎模块"，对图层进行管理，如图10-26所示，编辑效果如图10-27所示。

步骤10 使用"矩形工具"绘制出导航的背景，接着用"横排文字工具"为导航添加文字，按照如图10-28所示的参数进行设置，得到的图层如图10-29所示，在图像窗口中可以看到如图10-30所示的编辑效果。

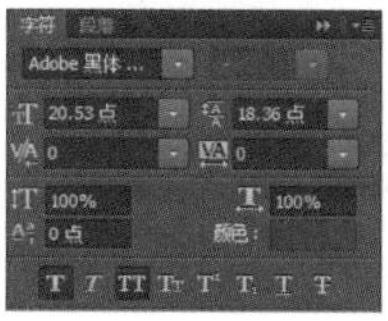

图10-26   图10-27

图10-28 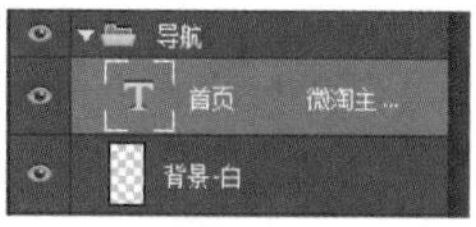   图10-29

图10-30

步骤11 绘制一个圆角矩形，按照如图10-31所示的"投影"样式中的参数对其进行修饰，并设置其"填充"选项为27%，见图10-32。将圆角矩形放置在适当的位置，得到如图10-33所示的编辑效果。

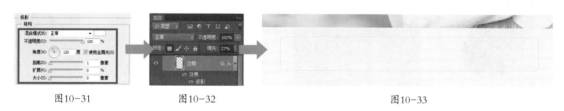

图10-31   图10-32   图10-33

步骤12 为画面添加所需的文字，按照如图10-34所示的"字符"面板对文字的属性进行设置，接着绘制出下箭头形状，使用"投影"对其进行修饰，图层如图10-35所示，可以看到如图10-36所示的编辑效果。

步骤13 绘制所需的形状，按照图10-37和图10-38所示的"描边"和"投影"样式中的参数对该形状进行修饰，得到如图10-39所示的编辑效果，在"图层"面板中可以看到如图10-40所示的图层。

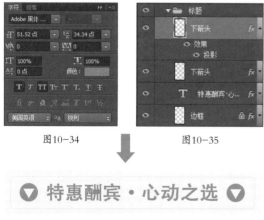

图10-34   图10-35

图10-36

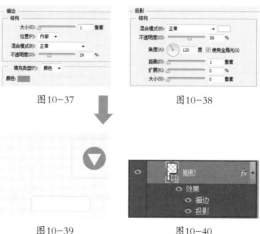

图10-37   图10-38

图10-39   图10-40

步骤14 选中工具箱中的"横排文字工具"，在适当的位置添加所需的文字，按照如图10-41和图10-42所示的"字符"面板中的参数对文字的属性进行设置，得到如图10-43所示的编辑效果，最后将编辑的图层添加到创建的图层组中进行管理，如图10-44所示。

图10-41

图10-42

图10-43

图10-44

步骤15 将所需的镜头素材添加到图像窗口中，适当调整素材的大小和位置，并将其抠取出来，按照如图10-45所示的编辑效果完成操作，利用图层蒙版对图层组进行编辑，如图10-46所示。

步骤16 对编辑完成的图层组进行复制，适当调整镜头之间的距离，使用"矩形选框工具"创建选区，如图10-47所示；使用"画笔工具"制作出阴影效果，如图10-48所示；最后通过图层组管理图层，如图10-49所示。

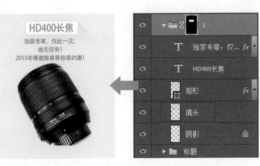
图10-45　　　　　　　　图10-46

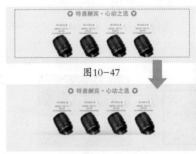
图10-47

图10-48

图10-49

步骤17 使用"矩形工具"和"钢笔工具"绘制出所需的形状，接着为画面添加文字，按照如图10-50和图10-51所示的"字符"面板对文字进行设置，得到如图10-52所示的编辑效果，得到的图层如图10-53所示。

图10-50　　　　　　　　图10-51

图10-53

手机购买更优惠！

图10-52

> **提示** 在Photoshop中绘制直角三角形可以先使用"矩形工具"绘制出一个正方形，接着使用"钢笔工具"在正方形的一个锚点上单击，删除其中任意一个直角上的锚点，就可以轻松的绘制出一个直角三角形。

步骤18 绘制出画面中所需的活动优惠券图像，为绘制的对象填充上适当的颜色，在"图层"面板中可以看到如图10-54所示的内容，并按照如图10-55所示的效果进行排列。

步骤19 使用"矩形工具"绘制出所需的形状，填充上白色，降低其"填充"选项的参数为65%，如图10-56所示；在图像窗口中可以看到如图10-57所示的编辑效果。

图10-54　　　　　　图10-55　　　　　　　　　图10-56　　　　　　图10-57

步骤20 绘制出所需的标签形状，接着为画面添加上所需的文字，按照如图10-58和图10-59所示的"字符"面板中的参数对文字进行设置，在图像窗口中可以看到如图10-60所示的编辑效果。

步骤21 将相机素材添加到文件中，设置混合模式为"变暗"，使用图层蒙版对其进行控制，如图10-61和图10-62所示。接着在相机图层的下方新建图层，使用白色的"画笔工具"在相机位置涂抹，见图10-63和图10-64。

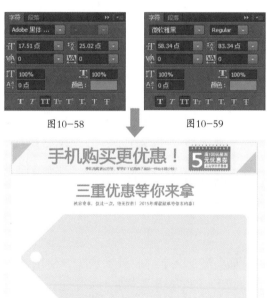

图10-58　　　　　　图10-59

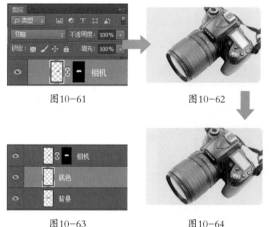

图10-61　　　　　　　图10-62

图10-63　　　　　　　图10-64

图10-60

步骤22 为画面添加所需的文字，按照如图10-65和图10-66所示的"字符"面板中的参数对文字进行设置，在图像窗口中可以看到如图10-67所示的编辑效果。

图10-65　　　　　　图10-66　　　　　　　　　　图10-67

步骤23 参考前面的编辑方法，将其他的素材添加到文件中，使用相应的文字对商品进行说明，同时使用图层组对图层进行管理，见图10-68。在图像窗口中可以看到如图10-69所示的效果。

步骤24 在新建的"标签背景"图层中使用如图10-70所示的"拾色器"对话框中的颜色进行填充，并通过使用图层蒙版对该图层进行修饰，降低其"填充"选项为62%，如图10-71所示，得到如图10-72所示的编辑效果。

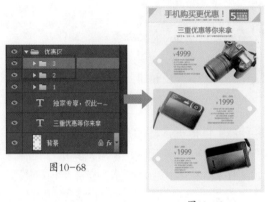

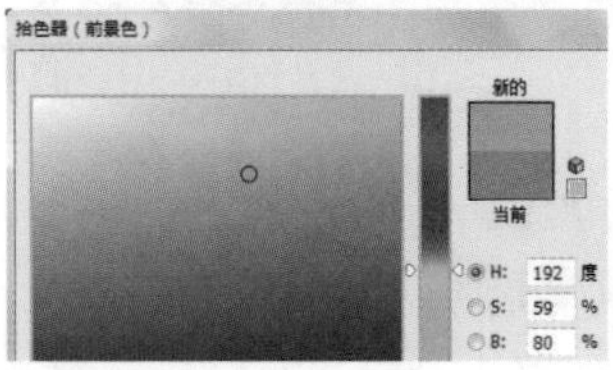

图10-68

图10-69

图10-70

图10-71

图10-72

步骤25 使用"矩形工具"绘制矩形，填充上适当的颜色，再为画面添加上所需的文字，将商品素材添加到适当的位置，并利用图层蒙版将其抠取出来，见图10-73和图10-74。对编辑后的图层组进行复制，完善画面中的内容，得到如图10-75所示的编辑效果。

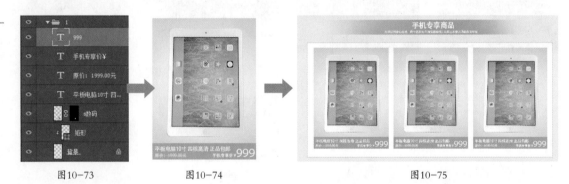

图10-73

图10-74

图10-75

步骤26 使用"画笔工具"和"矩形工具"绘制出如图10-76所示的图像效果，接着用图层蒙版对线条进行修饰，得到如图10-77所示的编辑结果，图层蒙版如10-78和10-79所示。

步骤27 添加文字"收藏本店"，使用如图10-80所示的"投影"样式对文字进行修饰，并按照如图10-81所示的"字符"面板调整文字属性，得到如图10-82所示的编辑效果。

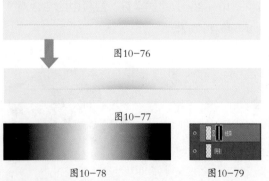

图10-76

图10-77

图10-78

图10-79

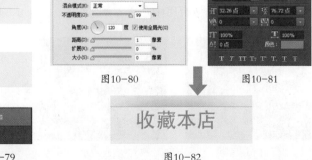

图10-80

图10-81

图10-82

图10-83

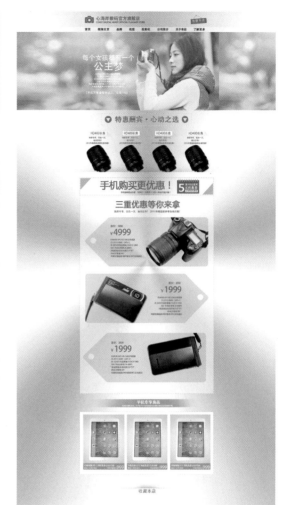

图10-84

源文件	源文件\10\配色扩展\蓝色调数码店铺设计01.psd

源文件	源文件\10\配色扩展\蓝色调数码店铺设计02.psd

#30749B　　　　#D5E1D5

#F5785D　　#9DBEC3　　#EEF2E3

图10-85

#FEC1D1　　　　#C4E5EE

#FF5001　　#FEFCFF　　#0483A8

图10-86

　　图10-83是为画面中增添淡黄色后的效果，这种色调会带来特殊的视觉冲击和一种似乎天生的亲和力，由于画面偏黄，还会使人产生怀旧、复古的感觉，使用蓝黄色进行配色让画面风格与当下流行的摄影风格相似，更增添了一份潮流、时尚的感觉。

　　图10-84是将画面的背景设计为放射状的渐变效果，通过白色和粉红色的搭配来完成渐变的形成，表现出一种动态的美感。画面不仅生动、活泼，而且更有力度，避免由于数码产品原本的暗色而造成画面呆板。

本案例是为数码商品所制作的网店首页效果，画面中使用了多种不同的色块进行布局，将整体划分为多个等距的区域，每个区域放置了不同的数码产品，由此产生干净、利落的视觉效果，见图10-87。

图10-87

素材	素材\10\02、03、04.jpg
源文件	源文件\10\靓丽数码店铺设计.psd

[设计理念]

· 为了使画面整体清洁、稳定，使用水平分割的方式进行阶梯形布局，并将商品摆放成Z字形，除了具有引导视线的作用以外，还让画面不会显得枯燥乏味；

· 案例中使用了多种颜色进行搭配，使得整个画面立刻鲜活起来，数码商品的形象也更加的活泼和具有生命力，避免由于大面积使用单色而产生虚浮的感觉；

· 设计中通过平台和阴影对商品和文字进行修饰，模拟出现实中展台的效果，同时营造出一种较为高档的氛围，给人生动之感。

[软件操作]

- 使用形状工具绘制所需的形状，填充上纯色绘制渐变色，绘制出画面所需的元素；
- 使用"横排文字工具"添加画面中所需文字，使用图层样式进行修饰；
- 通过"矩形工具"绘制矩形，利用"斜切"命令进行变形，制作出平台的形状；
- 使用"钢笔工具"沿着数码产品的边缘创建路径，在"路径"面板中将路径转换为选区，反选选区后将选区中的图像删除，从而抠选出数码产品。

[操作步骤]

步骤01 在Photoshop中新建一个文档，按照如图10-88所示的"渐变工具"的选项栏对画面欢迎模块的背景进行颜色填充，在图像窗口中得到如图10-89所示的编辑效果。

步骤02 绘制出多个不同角度的三角形，分别填充上不同的渐变色，对欢迎模块的背景进行修饰，得到如图10-90所示的图层显示结果，在图像窗口中可以看到如图10-91所示的编辑效果。

图10-90

图10-88

图10-89

图10-91

步骤03 通过选项工具箱中的"钢笔工具"（见图10-92）绘制出若干个三角形，分别填充上不同的颜色，按照如图10-93所示的效果进行排列和组合，并将所有的三角形图层合并在一起，命名为"冰块背景"，如图10-94所示。

图10-92   图10-93   图10-94

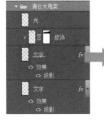

图10-95   图10-96

步骤04 通过"钢笔工具"绘制出欢迎模块中的标题文字，填充上适当的颜色，并用"投影"样式进行修饰，同时绘制出光线进行点缀，具体如图10-95和图10-96所示。

步骤05 选择工具箱中的"横排文字工具"，在适当的位置单击并输入所需的文字，打开"字符"面板，按照如图10-97、图10-98、图10-99和图10-100所示的参数分别对文字的属性进行设置，在图像窗口中可以看到如图10-101所示的编辑效果。

图10-97

图10-98

图10-99

图10-100

图10-101

步骤06 为编辑后的文字进行修饰，使用如图10-102和图10-103所示的"描边"和"投影"样式，增加文字的层次和表现力，在图像窗口中可以看到如图10-104所示的效果，在"图层"面板中可以看到如图10-105所示的显示结果。

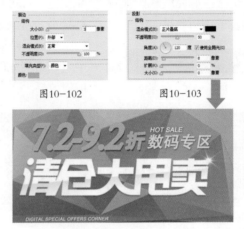

图10-102　　　　图10-103

图10-104

图10-105

步骤07 在标题文字的适当位置添加文字和形状，制作出如图10-106所示的编辑效果，最后在"图层"面板中使用图层组对图层进行管理，如图10-107所示。

图10-106

图10-107

图10-108　　　　图10-109

步骤08 使用"钢笔工具"绘制出所需的冰块的形状，填充上适当的颜色，并为画面添加上文字，在"图层"面板中可以看到如图10-108所示的显示结果，按照如图10-109所示的效果对绘制的元素进行组合和排列。

步骤09 使用"矩形工具"绘制出所需的矩形，在其选项栏中按照如图10-110所示的内容对矩形的填充色进行调整，接着使用斜线对矩形进行修饰，得到如图10-111所示的编辑。在"图层"面板中看到增加了"斜线"图层和"背景色"形状图层，如图10-112所示。

图10-110   图10-111   图10-112

步骤10 选择工具箱中的"矩形工具"，如图10-113所示。绘制出所需的矩形，并将其变形为梯形，如图10-114所示。接着绘制阴影，制作出商品展示台的效果，图层如图10-115所示。

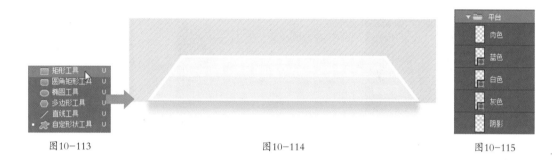

图10-113   图10-114   图10-115

步骤11 使用"圆角矩形工具"、"矩形工具"和"椭圆工具"绘制出吊牌的形状，接着为吊牌添加所需的文字，按照如图10-116所示的"字符"面板对文字进行设置，得到如图10-117所示的图层和图10-118所示的编辑效果。

步骤12 为画面添加所需的文字，图层如图10-119所示，调整文字的大小和位置，得到如图10-120所示的编辑效果。打开"字符"面板设置文字属性，为某些文字应用"渐变叠加"样式（见图10-121和图10-122）。

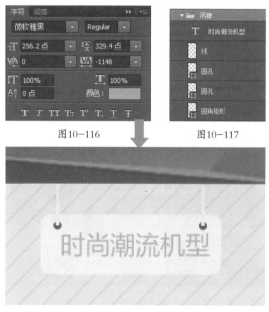

图10-116   图10-117

图10-118

图10-119   图10-120

图10-121   图10-122

步骤13 选择工具箱中的"矩形工具"和"椭圆工具"绘制出所需的形状，使用如图10-123和图10-124所示的"渐变叠加"样式对绘制的形状进行修饰，得到如图10-125所示的编辑效果，并使用"投影"样式对最底层的矩形进行编辑，图层如图10-126所示。

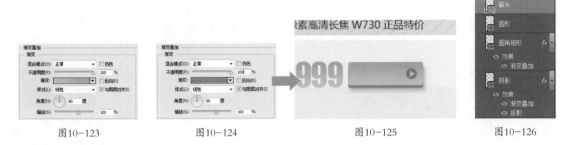

图10-123　　　　图10-124　　　　　　图10-125　　　　　　图10-126

步骤14 选择工具箱中的"横排文字工具"，输入文字"立即抢购"，按照如图10-127所示的"字符"面板对文字进行设置，得到如图10-128所示的编辑效果，图层如图10-129所示。

图10-127　　　　　　图10-128　　　　　　图10-129

步骤15 将相机素材添加到图像窗口中，如图10-130所示，沿其边缘创建路径并将路径转换为选区，使用图层蒙版抠取图像，如图10-131和图10-132所示。最后绘制出阴影效果，如图10-133所示。

步骤16 参照前面制作商品展示台的方法，将其他的数码商品添加到文件中，制作出多个展示台层层叠加的效果，得到的图层如图10-134所示，在图像窗口中可以看到如图10-135所示的编辑效果，完成本例的制作。

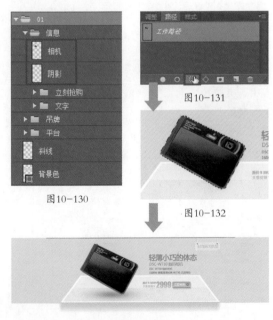

图10-130

图10-131

图10-132

图10-133

图10-134　　　　　　图10-135

图10-136

图10-137

源文件	源文件\10\配色扩展\靓丽数码店铺设计 01.psd

#978E8F	#55C0F4
#FF956B	#2788B6 #F4E4CE

图10-138

源文件	源文件\10\配色扩展\靓丽数码店铺设计 02.psd

#8B6DAA	#E88B79
#E02724	#01A7AD #1078CD

图10-139

图10-136为使用暖色系中的偏灰橙与冷色系中的尼罗蓝进行配色的效果。通过冷暖色的对比可以为画面营造出一种冲击力，使其与清仓活动所需要的氛围一致，使主题更加突出。

图10-137通过使用多种略微偏灰的色彩自然渐变的效果来制作画面背景，这样的配色使整个画面显得自然而丰满。由于画面中的商品较多，利用这种配色可以增添更多的趣味，从而提高顾客的阅读兴趣。

以智能手机、星空等为素材（见图10-140、图10-141、图10-142、图10-143和图10-144）设计以七夕情人节为主题的手机店铺首页。要求以星空为背景，用Z字形进行布局，制作出静谧的星空效果，表现出甜美浓情的夜晚，让白色的智能手机更加的突显，如图10-145所示。

| 素 材 | 素材\10\课后习题\01、03、04、05.jpg，02.psd |
| 源文件 | 源文件\10\课后习题\暗色调手机店铺设计.psd |

图10-140

图10-141

图10-142

图10-143

图10-144

图10-145

第11章 配饰店铺的设计

>>>>>

[技能要求]

- 学会使用"磁性套索工具"将商品从背景中抠选出来，充分使用图层样式和图层混合模式来增强设计元素的视觉效果，根据设计需要，还可以通过添加素材文件的方式来丰富画面效果。
- 饰品由于其特殊的材质，极易产生反光的效果，因此在进行饰品店铺设计之前，要先对饰品照片进行处理，力求达到最佳的色泽和光泽，接着根据饰品的风格和受众来进行配色和布局。

[效果展示]

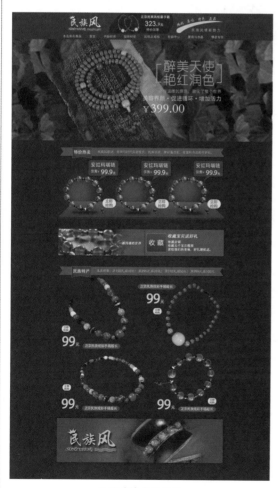

民族首饰店铺设计

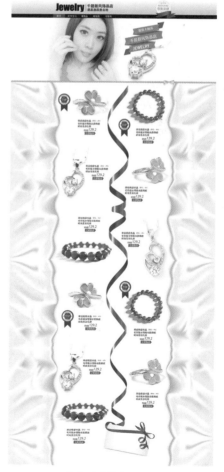

浅色调首饰店铺设计

本案例是为民族首饰所设计的网店首页，画面中放置了多个外形各异的民族饰品，形成了浓烈的中国红配色，形成强烈的视觉冲击力，同时自由的板式设计也增强了活力感，其具体的设计效果如图11-1所示。

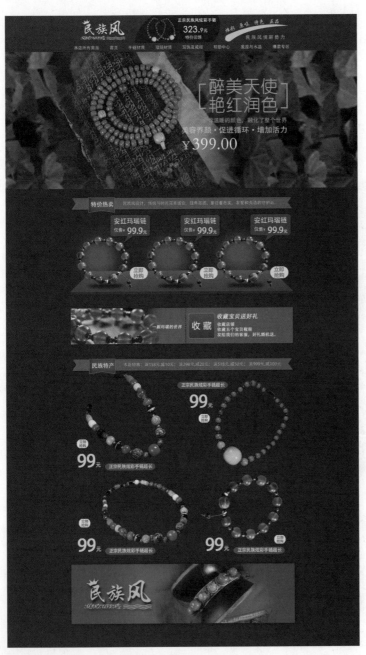

图11-1

素 材	素材\11\\01、02、03、04、05、06、07.jpg
源文件	源文件\11\民族首饰店铺设计.psd

[设计理念]

▪ 案例中使用了不同程度的红色作为画面的主色调，而红色给人以温暖和愉快的感觉，代表着喜庆、吉祥和热情，这些都与民族饰品的特点和色彩相吻合，因此红色的使用使商品与设计元素的颜色协调而和谐；

▪ 在"特价热卖"区域，利用销售平台展示出店铺当下销售最旺的商品，营造出实物在柜台展出的真实效果，提高了顾客购买的兴趣；

▪ 通过随机摆放的方式展示出广告商品，使用色彩和谐的标签对商品的名称进行填充，抠取后的商品形象让商品的表现更加集中。

[软件操作]

- 通过"横排文字工具"和"自定形状工具"绘制出店铺的LOGO;
- 使用"磁性套索工具"沿着饰品的边缘创建选区,接着以选区为范围,为饰品图层添加图层蒙版,将饰品抠选出来;
- 使用"图案叠加"样式对欢迎模块的背景进行修饰;
- 利用"颜色填充"图层对网店首页各个区域的背景进行编辑。

- -

[操作步骤]

步骤01 在Photoshop中新建一个文档,在工具箱中设置前景色为R66、G0、B0,如图11-2所示。将图像窗口填充上前景色,如图11-3所示,得到如图11-4所示的效果。

步骤02 为画面添加上文字,在"字符"面板中按照如图11-5所示的参数进行设置,并为文字添加"投影"样式(见图11-6)得到如图11-7所示的效果。

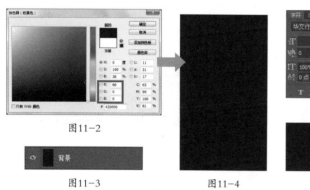

图11-2

图11-3　　　　图11-4

图11-5　　　　图11-6

图11-7

步骤03 选择工具箱中的"自定形状工具",分别选中选项栏中的"波浪"和"皇冠"形状,如图11-8和图11-9所示。在文字的周围绘制出所需的形状,并为其中的"皇冠"添加投影样式,得到如图11-10所示的编辑效果,得到的图层如图11-11所示。

图11-8　　　　图11-9　　　　图11-10　　　　图11-11

步骤04 使用"钢笔工具"绘制出所需的形状,接着使用"横排文字工具"在适当的位置添加文字,得到的图层如图11-12所示,得到如图11-13所示的编辑效果。

图11-12　　　　图11-13

步骤05 绘制出所需的形状，接着使用"横排文字工具"在适当的位置添加文字，设置如11-14所示，得到如图11-15所示的编辑效果。

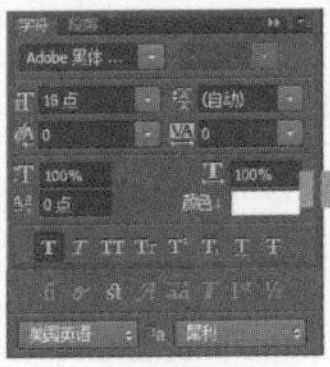

图11-14

图11-15

步骤06 将所需的首饰素材添加到图像窗口中，如图11-16所示。接着使用"磁性套索工具"沿着首饰的边缘创建选区，利用图层蒙版将其抠取出来，如图11-17和图11-18所示，最后复制抠取的首饰图像，如图11-19所示。

图11-16

图11-17

图11-18

图11-19

步骤07 在适当的位置输入内容，作为导航的修饰线条，并添加上投影样式进行修饰，具体设置如图11-20和11-21所示，得到如图11-22的编辑效果和图11-23所示的图层。

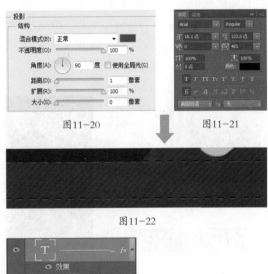

图11-20

图11-21

图11-22

图11-23

步骤08 使用"横排文字工具"在适当的位置输入所需的内容，使用"投影"样式对其进行修饰，如图11-24所示，得到如图11-25所示的编辑效果，在"图层"面板中可见图11-26的图层。

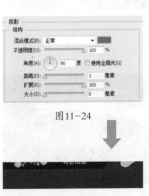

图11-24

图11-25

图11-26

步骤09 使用"横排文字工具"为导航条添加文字，并对文字进行所需的设置，得到如图11-27的编辑效果，最后使用"投影"样式修饰文字，如图11-28所示。

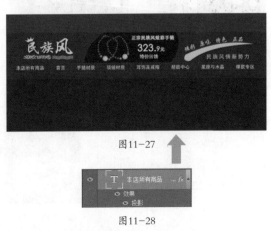

图11-27

图11-28

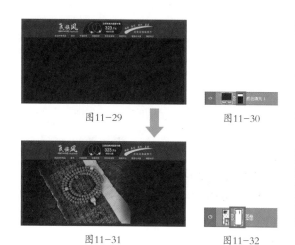

图11-29

图11-30

图11-31

图11-32

步骤10 在欢迎模块的位置使用黑色填充图层改变其背景颜色，如图11-29和图11-30所示。接着将所需的饰品素材添加到图像窗口中，为其添加图层蒙版，使用“画笔工具”进行编辑，具体如图11-31和图11-32所示。

> **提示**
>
> 在使用“画笔工具”对图层蒙版进行编辑时，该工具的“流量”和“不透明度”是控制编辑效果的关键。

步骤11 创建所需的颜色填充图层，使用“画笔工具”对颜色填充图层的蒙版进行编辑，如图11-33和图11-34所示，在图像窗口中可以看到如图11-35所示的编辑效果。

图11-33

图11-34

图11-35

步骤12 双击颜色填充图层，在打开的“图层样式”对话框中按照图11-36的内容进行设置，编辑的图层如11-37所示，在图像窗口中可以看到如图11-38所示的编辑效果。

图11-36

图11-37

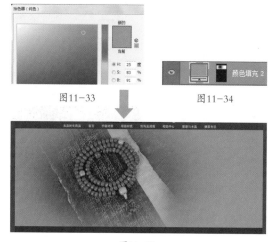

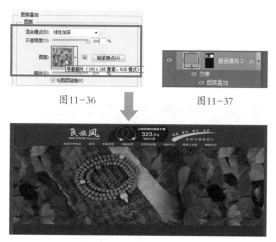

图11-38

步骤13 选择工具箱中的“横排文字工具”。在适当的位置输入所需的文字，如图11-39所示，打开“字符”面板，按照如图11-40和图11-41所示的参数进行设置，调整文字的字体、大小、颜色等属性，在图像窗口中可以看到如图11-42所示的编辑效果。

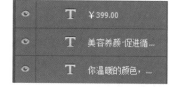

图11-39

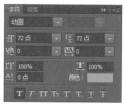

图11-40

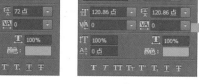

图11-41

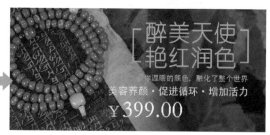

图11-42

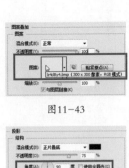

图11-43

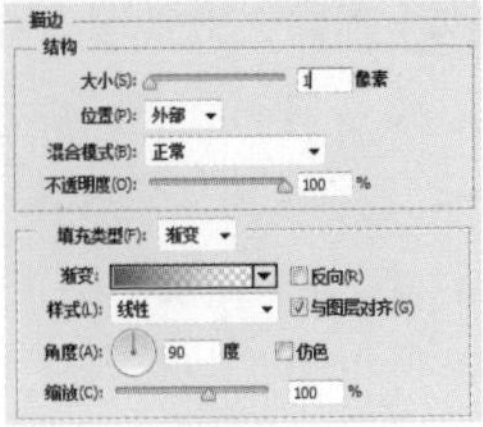

图11-44

步骤14 绘制出所需的形状，通过"图案叠加"、"描边"、"投影"和"颜色叠加"样式对其进行修饰，按照如图11-43、图11-44、图11-45和图11-46所示的参数进行设置，得到图11-47所示的编辑效果和图11-48所示的图层。

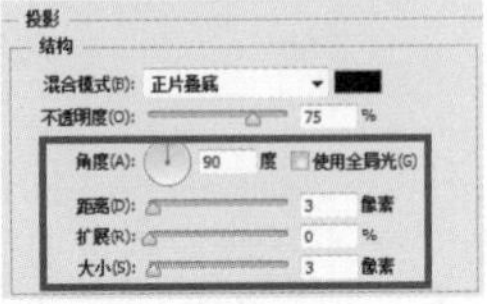

图11-45

图11-46

图11-47   图11-48

步骤15 输入所需的文字内容，接着使用如图11-49所示的"投影"样式对文字进行修饰，图层如11-50所示，最后对文字进行复制，得到如图11-51所示的编辑效果。

步骤16 使用"钢笔工具"绘制所需的形状，接着为其添加"内阴影"、"渐变叠加"和"描边"样式，并按照如图11-52、图11-53和图11-54所示的参数进行设置，得到如图11-55所示的编辑效果。

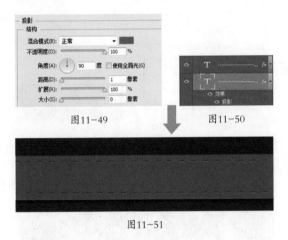

图11-49

图11-50

图11-51

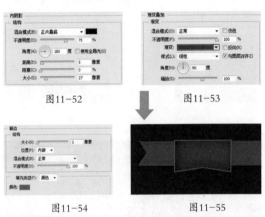

图11-52   图11-53

图11-54   图11-55

步骤17 使用"横排文字工具"在适当的位置添加文字，按照如图11-56所示的"字符"面板进行设置，并使用如图11-57所示的"投影"样式进行修饰，得到如图11-58所示的编辑效果。

步骤18 为标题栏添加主题文字，按照如图11-59和图11-60所示的"投影"样式和"字符"面板对文字进行设置，在图像窗口中可看到如图11-61所示的效果。

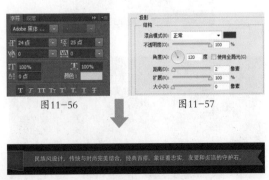

图11-56

图11-57

图11-58

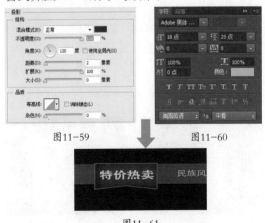

图11-59   图11-60

图11-61

步骤19 使用"画笔工具"绘制出画面中所需的光晕，接着通过"钢笔工具"绘制出展台形状，在图像窗口中可以看到如图11-62所示的编辑效果。

图11-62

步骤20 将所需的饰品素材添加到图像窗口中，使用"磁性套索工具"和图层蒙版将其抠取出来，并为其绘制阴影效果，见图11-63，编辑后的图层如图11-64所示。

步骤21 使用"钢笔工具"绘制出所需的形状，并为标签添加上所需的文字，使用图层样式对文字和形状进行修饰，如图11-65所示，得到如图11-66所示的编辑效果。

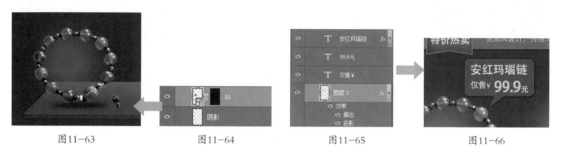

图11-63　　　　图11-64　　　　　　图11-65　　　　图11-66

步骤22 在画面中添加 "立即抢购"的字样，并使用圆角矩形作为其背景，接着将编辑完成的饰品、文字和形状添加到创建的图层组中，见图11-67和11-68。对编辑后的图层组进行复制，放在图像窗口的适当位置，得到如图11-69所示的编辑效果，图层如图11-70所示。

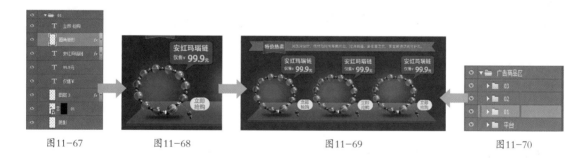

图11-67　　　　图11-68　　　　　　　　图11-69　　　　　　　　图11-70

步骤23 使用"矩形工具"绘制出收藏区域的背景，并为其添加饰品素材，使用图层蒙版对饰品显示进行控制，最后添加上所需的文字，按照如图11-71所示的"字符"面板进行设置，在图像窗口中可以看到如图11-72所示的编辑效果。

图11-71　　　　　　　　　　　图11-72

步骤24 将其他的饰品素材添加到图像窗口中，使用图层蒙版对其显示进行控制，按照如图11-73和图11-74所示的"字符"面板对文字进行设置，得到如图11-75和图11-76所示效果。

步骤25 参考步骤24中的编辑，制作出其余的饰品摆放效果，并为该区域添加标题栏，将其放在适当的位置，在图像窗口中可以看到如图11-77所示的效果。

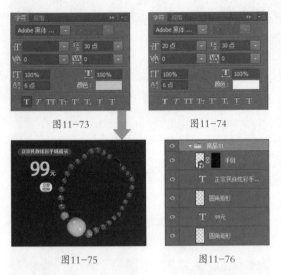

图11-73   图11-74

图11-75   图11-76

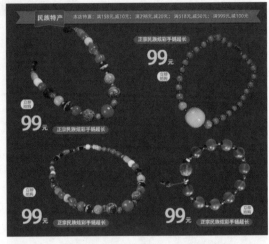

图11-77

步骤26 使用"矩形选框工具"创建矩形的选区，接着为选区创建渐变填充图层，在打开的"渐变填充"对话框中进行设置，如图11-78所示。在图像窗口中可以看到如图11-79所示的编辑效果，在"图层"面板中的图层显示如图11-80所示。

图11-78   图11-79   图11-80

步骤27 将饰品素材添加到图像窗口中，适当调整其大小和角度，如图11-81所示。使用"画笔工具"对其添加的图层蒙版进行修饰，得到如图11-82所示的效果。

步骤28 复制店招中的LOGO，为该图层组添加"投影"样式，按照如图11-83所示进行设置，图层如图11-84所示，在图像窗口中可以看到如图11-85所示的效果，完成本例的编辑。

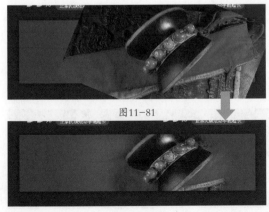

图11-81

图11-82

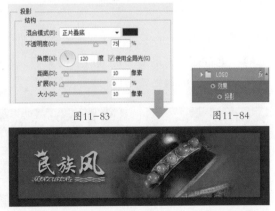

图11-83   图11-84

图11-85

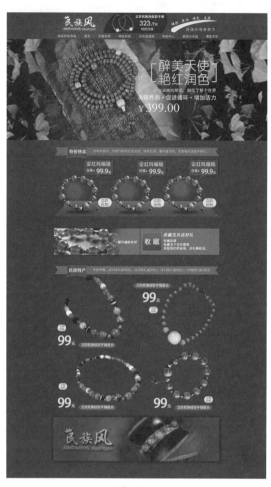

图11-86

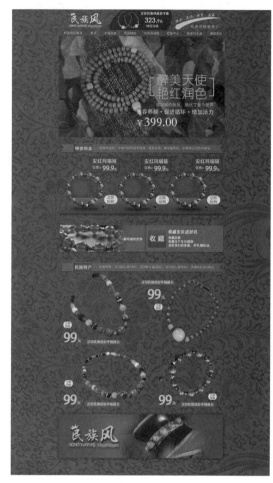

图11-87

源文件 源文件\11\配色扩展\民族首饰店铺设计01.psd

源文件 源文件\11\配色扩展\民族首饰店铺设计02.psd

#214100		#FEE43C
#002510	#93A14C	#8B0907

图11-88

#343844		#8A3D10
#21263A	#8B1915	#EFA43F

图11-89

图11-86是以绿色作为主要的背景颜色所制作的效果，由于店铺销售的商品为民族饰品，绿色是充满生机、热爱生活的色彩，因此画面中使用绿色可以传递出一种生机勃勃的感觉，同时符合民族色彩的搭配特点。

图11-87是使用明度不等的花纹制作背景的效果，由于背景色彩的明度和纯度都较低，因此显得更加的神秘，而暗色调的背景能够营造出一种品质感，提高民族饰品的档次，更利于展示饰品的材质，从而博得顾客的好感。

11.2 浅色调首饰店铺设计

本案例是为时尚的珠宝首饰所设计的网店首页，画面中以丝带作为引导，将饰品放在丝带的两侧，创造自然的流线型的美感。搭配上丝缎进行修饰，营造出一种和谐、柔美的感觉，其具体的制作效果如图11-90所示。

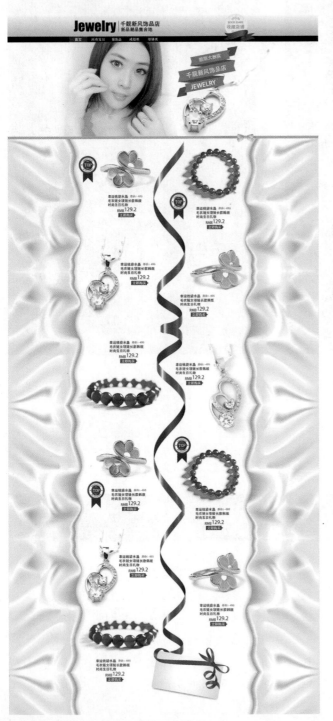

素 材	素材\11\08、09、10、11、12、13、14、15、16、17.jpg
源文件	源文件\11\浅色调首饰店铺设计.psd

图11-90

第三部分 综合篇——打造个性店铺

[设计理念]

• 将淡墨绿色作为画面的修饰元素的色彩，能够增强其稳定感，减少视觉疲劳，让顾客能够仔细地浏览商品。同时浅色调的画面能够带来一种柔和、温婉的感觉，与女性的特质相吻合，更提升了顾客的认同感；

• 案例中将丝绸作为主要的修饰元素，其主要原因在于丝绸的手感细腻和柔软，这个特点与饰品精致、华贵的外观相似，可以更好地衬托出商品的品质；

• 画面的中间使用红色的丝带作为间隔将画面一分为二，左右两侧放置不同的饰品，这样巧妙的设计可以增强画面的观赏感，避免画面呆板，同时自然的流线型，起着引导视线的作用。

- 为画面添加素材文件，使用自由变换框对素材的大小进行调整；
- 使用白色的"画笔工具"在模特照片的四周进行涂抹，使其与背景的白色形成自然过渡，避免照片与背景死板生硬；
- 使用"钢笔工具"绘制出所需的修饰形状，并为其填充上适当的颜色；
- 通过创建图层组的方式对图层进行分类管理。

[操作步骤]

步骤01 在Photoshop中新建一个文档，创建图层组，命名为"背景"，如图11-91所示，将所需的丝带和蝴蝶结线条素材添加到图像窗口中，适当调整其大小，得到如图11-92所示的编辑效果。

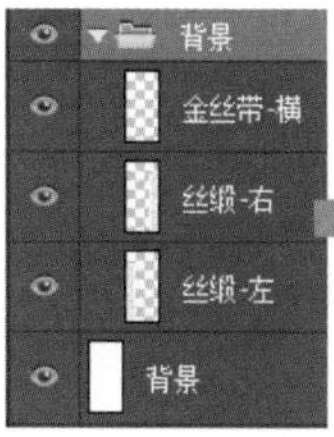

步骤02 使用"钢笔工具"绘制出丝带和明信片的形状，如图11-93所示，并为其分别填充上适当的色彩，将编辑得到的图层拖曳到"背景"图层组中，如图11-94所示。在图像窗口中可以看到如图11-95所示的效果。

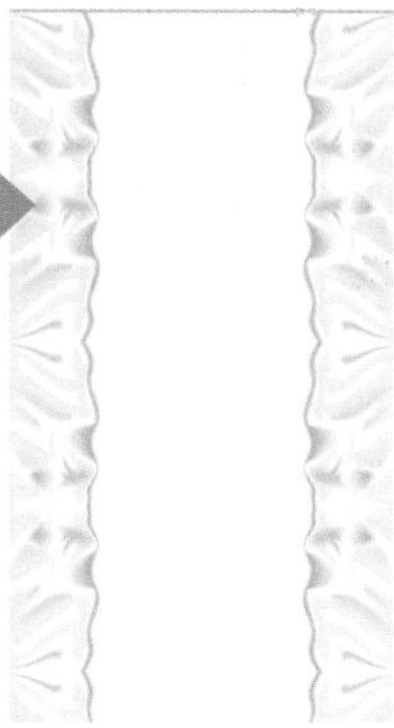

图11-91

图11-92

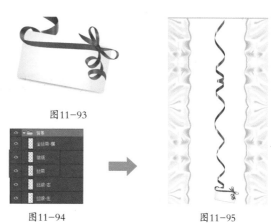

图11-93

图11-94   图11-95

步骤03 使用"矩形工具"绘制出矩形，作为店招的背景，接着使用"渐变叠加"样式对其进行修饰，按照如图11-96所示的内容进行设置，图层如图11-97所示，可以看到如图11-98所示的编辑效果。

步骤04 选择"横排文字工具"在适当的位置单击，为店招添加所需的文字，按照如图11-99和图11-100所示的"字符"面板进行设置，在图像窗口中可以看到如图11-101所示的编辑效果。

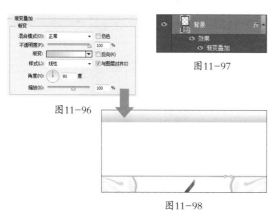

图11-96

图11-97

图11-98

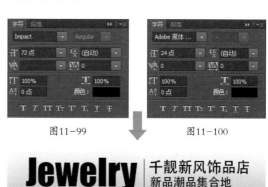

图11-99   图11-100

图11-101

步骤05 使用"矩形工具"，将绘制出的黑色和灰度色彩的矩形作为导航的背景，图层如图11-102所示。接着为导航添加文字，按照如图11-103所示的"字符"面板进行设置，得到如图11-104所示的效果。

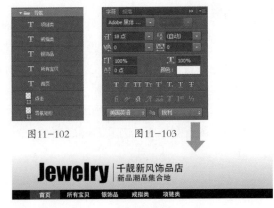

图11-102　　图11-103

图11-104

步骤06 使用"钢笔工具"、"椭圆工具"等绘制出店铺收藏的背景修饰形状，接着使用"横排文字工具"添加所需的文字，按照如图11-105所示的"字符"面板进行设置，在图像窗口中可以看到如图11-106所示的编辑效果，最后创建图层组对图层进行归类，如图11-107所示。

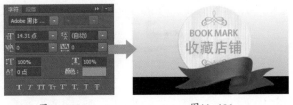

图11-105　　　　　　图11-106　　　　　　图11-107

步骤07 将模特素材添加到图像窗口中，使用"矩形选框工具"创建矩形选区，如图11-108和图11-109所示，使用创建的选区为图层添加上图层蒙版，图层如图11-110所示，得到如图11-111所示的编辑效果。

步骤08 使用"画笔工具"对图层蒙版进行编辑，如图11-112所示。并使用白色的画笔在图像的周围进行涂抹，图层如图11-113所示，让模特与周围图像自然的过渡，在图像窗口中可以看到如图11-114所示的效果。

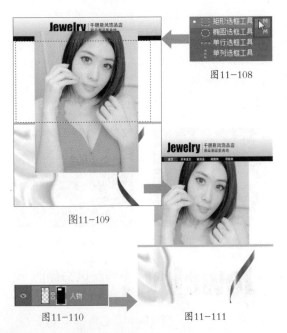

图11-108

图11-109

图11-110　　　　　　图11-111

图11-112　　　　　　图11-113

图11-114

步骤09 将所需的饰品素材添加到图像窗口中，适当调整素材的大小和位置，接着在"图层"面板中设置其混合模式为"变暗"，如图11-115所示。让饰品素材中的白色与下方的图层进行融合，得到如图11-116所示的编辑效果。

图11-115　　　　　　　　　　　　　　　图11-116

步骤10 选择"钢笔工具"绘制出所需的形状，将绘制的形状组合起来，制作出丝带的效果，并为形状图层添加"颜色叠加"样式，更改其颜色，如图11-117所示，得到如图11-118所示的编辑效果。

步骤11 选择工具箱中的"横排文字工具"在适当的位置单击并输入所需的文字，使用图层组对图层进行管理，见图11-119所示，适当调整输入文字的角度，得到如图11-120所示的效果。

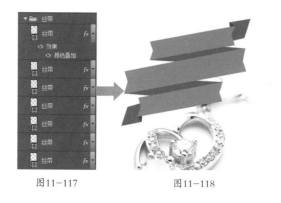

图11-117　　　　　　　　图11-118

图11-119　　　　　　　　图11-120

步骤12 将所需的饰品素材添加到图像窗口中，按Ctrl+T快捷键，使用自由变换框对图像的大小和位置进行调整，如图11-121所示。接着将该图层的混合模式设置为"变暗"，如图11-122所示。在图像窗口中可以看到如图11-123所示的编辑效果。

图11-121　　　　　　　　图11-122　　　　　　　　图11-123

步骤13 绘制出标识的形状，填充上适当的颜色，接着使用"横排文字工具"在画面上添加所需的文字，按照如图11-124和图11-125所示的"字符"面板对文字的属性进行设置，在图像窗口中可以看到如图11-126所示的编辑效果，图层如图11-127所示。

图11-124

图11-125

图11-126

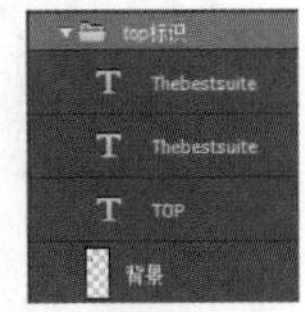

图11-127

步骤14 添加文字"立即购买"，按照如图11-128所示的"字符"面板进行设置，选择"钢笔工具"绘制出所需的形状，如图11-129所示，填充上适当的颜色，在图像窗口中可以看到如图11-130所示的编辑效果。

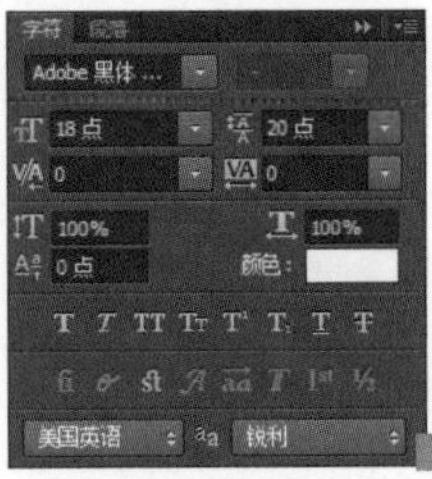

图11-128

图11-129

图11-130

步骤15 选择"横排文字工具"在适当的位置单击，添加所需的文字，图层如图11-131所示，并适当调整文字的大小、位置和属性，在图像窗口中可以看到如图11-132所示的编辑效果。

图11-131

图11-132

步骤16 参照前面的编辑方法，将其余的饰品素材添加到图像窗口中，并为其添加价格、标识等元素，最后为编辑的图层组进行复制，如图11-133所示，调整饰品的位置，在图像窗口中可以看到如图11-134所示的效果。

提示 在使用"变暗"图层混合模式对商品图像进行抠取之前，要先观察商品图像的下方图像是否为纯色背景，同时商品图像是不是置于白色的背景中，只有满足了这两个条件，才能使用"变暗"混合模式对图像进行抠取。

图11-133

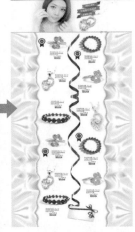
图11-134

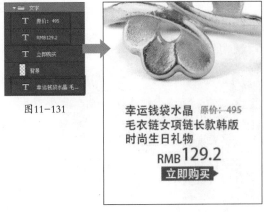

第三部分 综合篇——打造个性店铺

[配色扩展]

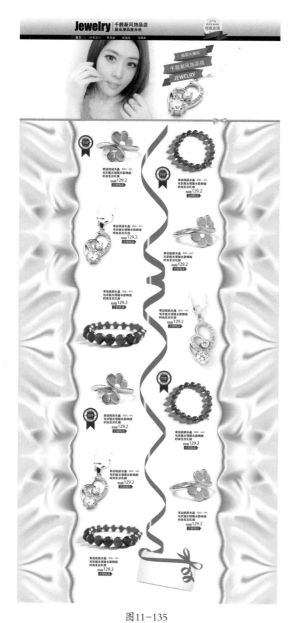

图11-135

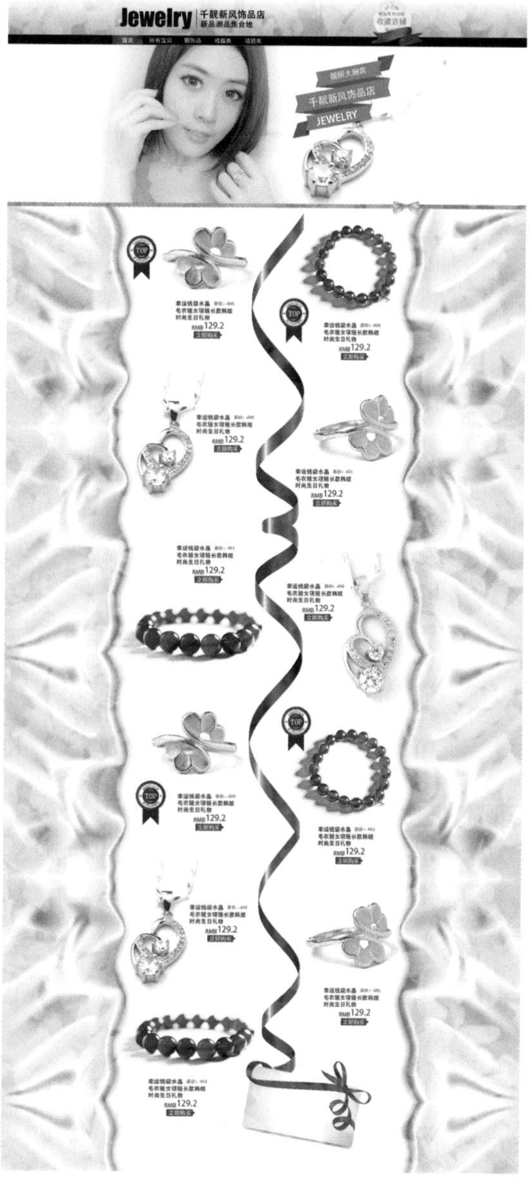

图11-136

源文件 源文件\11\配色扩展\浅色调首饰店铺设计01.psd

源文件 源文件\11\配色扩展\浅色调首饰店铺设计02.psd

#B38C9E #D6B8C2 #FBE6E1 #F3F3F3 #F15792

图11-137

#EAF1ED #B1C8D0 #7C969C #8D0100 #EF7291

图11-138

图11-135为使用肤色、浅粉等明度较高的色彩进行制作的效果，使女性柔和可爱的特质表现得淋漓尽致。

图11-136通过为绸缎添加花纹，将色彩调整为偏冷的色调，使其与饰品色彩形成对比，让商品更醒目，产生多姿多彩的感觉。

以男士手表和光线为素材，见图11-139、图11-140和图11-141，设计男士腕表销售店铺首页，要求以黑色为背景，红色为设计元素，用Z字形进行布局，制作出时尚、高贵的画面效果，着重表现手表的品质，提升商品的档次，如图11-142所示。

素 材	素材\10\课后习题\01、03、04、05.jpg，02.psd
源文件	源文件\10\课后习题\暗色调手机店铺设计.psd

图11-139

图11-140

图11-141

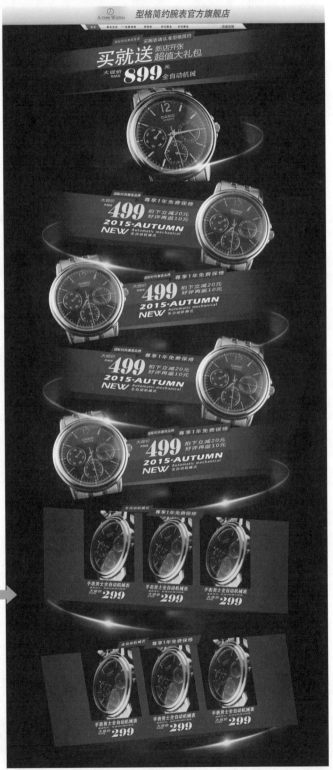

图11-142